U0216703

资助项目

国家自然科学基金资助项目（NO.41671141）

教育部首批新工科研究与实践项目"基于数字技术的建筑师培养体系研究与实践"资助项目

厦门大学本科教材资助项目

Application Guide for
Urban and Rural Planning CAD

城乡规划
CAD应用指南

李　渊　　邱鲤鲤　　许启康　/著

厦门大学出版社
XIAMEN UNIVERSITY PRESS

国家一级出版社
全国百佳图书出版单位

图书在版编目(CIP)数据

城乡规划 CAD 应用指南/李渊,邱鲤鲤,许启康著.—厦门:厦门大学出版社,2019.8
ISBN 978-7-5615-7063-0

Ⅰ.①城…　Ⅱ.①李…②邱…③许…　Ⅲ.①城市规划—建筑设计—计算机辅助设计—AutoCAD 软件—指南　Ⅳ.①TU201.4-62

中国版本图书馆 CIP 数据核字(2018)第 183770 号

出 版 人	郑文礼
责任编辑	陈进才

出版发行　厦门大学出版社

社　　　址	厦门市软件园二期望海路 39 号
邮政编码	361008
总　　机	0592-2181111　0592-2181406(传真)
营销中心	0592-2184458　0592-2181365
网　　址	http://www.xmupress.com
邮　　箱	xmup@xmupress.com
印　　刷	厦门市竞成印刷有限公司

开本	787 mm×1 092 mm　1/16
印张	12
字数	256 千字
版次	2019 年 8 月第 1 版
印次	2019 年 8 月第 1 次印刷
定价	52.00 元

本书如有印装质量问题请直接寄承印厂调换

厦门大学出版社
微信二维码

厦门大学出版社
微博二维码

内容简介

　　城乡规划新技术与方法是城乡规划专业学位的重要核心课程，是应对城市及城市问题的系统性、复杂性和综合性的客观现实，运用计算机技术科学理性的表达、认知、分析城市这一复杂系统的重要手段。其中，城乡规划CAD是建立在传统CAD（计算机辅助设计）基础上，结合了城乡规划的专业应用需求和技术规范，为提高城乡规划实际工程问题的绘图和表达能力，为提升规划设计的效率和质量奠定了必要的技术支撑，同时为数字规划奠定了数据基础。

　　本书以飞时达GPCADK软件为例，系统介绍了城乡规划CAD的技术应用，内容覆盖软件系统设置、地形绘制与分析、道路绘制与分析、地块绘制与分析、设施绘制与分析、建筑绘制与分析、竖向绘制与分析、管线绘制与分析、场地绘制与分析、规划成果出图。通过每一个章节的实例练习，读者可以快速将CAD技术和规划设计的常规业务紧密结合。

　　全书分为三大部分，共10章内容，第一部分是基础知识与飞时达GPCADK软件的介绍；第二部分介绍GPCADK的操作及实例练习；第三部分介绍GPCADK的图纸出图、规划分析示意图、后期出图处理等相关内容。

　　本书内容丰富、深入浅出、循序渐进，主要针对城乡规划专业本科教学，初学者具备基础CAD知识即可阅读使用本书。本书可作为高等院校城乡规划、风景园林和建筑学等专业计算机辅助设计课程的教材，也可作为规划设计领域从业人员的参考书。

前　言

　　随着我国治理体系和治理能力现代化进程推进，新时代的城乡规划事业在改革和创新中迎来新的契机。城乡规划作为国民经济社会发展和城乡建设在空间地域上的综合部署和具体布局安排，是国家和地方政府对经济社会进行宏观调控的有效手段之一，要用先进的规划理念来引导发展，用先进的规划技术来促进发展。作为空间规划体系的一项基础性工作，全国统一、相互衔接、分级管理的空间规划信息化平台建设将得到加速发展，AutoCAD、Photoshop、飞时达GPCADK、湘源控规等软件为规划设计工作人员提供专业技术平台。

　　城乡规划发展与计算机技术相结合是信息技术发展的必然趋势。CAD技术用于城乡规划设计，让规划师从手工制图中得到解放，并实现设计成果的标准化、数据化；CAD与GIS结合可建立综合、统筹、共享的规划地理信息系统，实现城市空间信息集成创新管理；CAD与虚拟现实技术相结合，可实现规划设计成果的直观生动的可视化表达。近年来，云计算、大数据、物联网、无人机、倾斜摄影等新技术层出不穷，CAD技术不断与新技术相结合，以城市计算、虚拟现实、人机交互为特征的新技术新数据，深入渗透到城市规划各个层面，从规划设计到规划决策再到规划管理，推动城市规划面向量化分析与数据计算图形的创新模式发展。

　　本书主要针对城乡规划专业本科教学，以飞时达GPCADK软件为基本平台，介绍GPCADK软件的主要功能及其在城乡规划和城市设计中的应用方法，将GPCADK的最新功能融合到城市设计与城市规划制图当中。另外，本书通过具体实例练习，促进使用者在实际操作实践中深化理解。

　　全书分为三大部分，共10章内容，第一部分是基础知识与飞时达GPCADK软件的介绍；第二部分介绍GPCADK的操作及实例练习；第三部分介绍GPCADK的图纸出图、规划分析示意图等相关内容。

　　本书结构清晰，语言简练，叙述深入浅出，每个章节结合实际案例，适合高等院校城乡规划专业学习及规划设计领域从业人员的参考书。

　　本书由多位作者合作完成，李渊编写第1～2、5、8～9章，邱鲤鲤编写第3～4、6～7、10章，全书由李渊负责统稿，许启康补充并协助修改、完善。由于水平有限，书中存在疏漏和不当之处在所难免，恳请读者批评指正，以便今后修改、完善。

著　者

2019年4月

本教材各章后附有练习题，读者可通过扫描下面的二维码或登录网站访问

http://resource.xmupress.com/T0325-1/resource_download.html

目 录

第2章 地形绘制与分析

第3章 道路绘制与分析

第4章　地块绘制与分析

第5章　设施绘制与分析

第6章　建筑绘制与分析

第7章 竖向绘制与分析

第8章　管线绘制与分析

第9章　场地绘制与分析

第10章 规划成果出图

图目录

第 **1** 章

GPCADK基础知识

本章主要内容为 GPCADK 基础知识，内容包括飞时达 GPCADK 概述、系统设置、图形转换。同时还包括设置快捷命令、快捷菜单、图层控制工具等内容，以符合不同设计人员的绘图习惯，提高绘图效率。

1.1 飞时达GPCADK概述

1.1.1 GPCADK 简介

飞时达 GPCADK 总规控规设计软件主要适用于城市总体规划以及控制性详细规划、各类专项规划与指标分析，也可用于开发园区规划、城镇发展规划、风景园林规划，可以生成地形分析评价图、道路规划图、用地现状图及规划图、市政规划图、控规法定图则等。

软件符合国家相关标准与规范，同时内置了最新 GB 50137-2011 用地标准和 CJJ/T199-2013 城市规划数据标准，以及国内许多省市的地方标准，可以方便地添加新标准与设计规则；在路网生成与编辑、地块生成与统计、图则自动生成方面可以大幅度提高设计效率。

软件既可以按照规划单元、街坊、地块的多级控制方式实现土地利用规划绘图，又可以满足用地灵活性与《城乡规划法》严肃性的要求。

软件生成的成果图形采用开放的属性格式，图元属性以及图形数据可以直接导入 ArcGIS 空间数据库，可以与图形信息管理软件 FastDWG、图形资源管理平台 FastMAP 结合使用，实现双平台数据交互式规划设计。

1.1.2 GPCADK 软件特色

（1）功能特点

标准定制——内置国家标准与众多省市规划编制标准和制图标准，也可以自行添加标准，设置图层、线型、图例符号等。

智能绘图——智能搜索生成地块边界，智能生成法定图则，智能关联刷新主图与图则指标，道路标高与坡度智能关联。

自由转换——实现用户自己绘制或其他软件生成的图形与软件标准图形的自由转换。

统计分析——汇总统计各类指标表格，可以导出 EXCEL，可以三维化、彩色化展示控规指标，可以对图纸指标的合理性、准确性进行审核。

1.2 规划标准及参数设置

1.2.1 规划标准设定

菜单位置:【系统】→【规划标准设定】

功能:设置绘图过程中涉及的相关标准,包括地区标准、图层标准、用地标准、配套公建图库、各类标注以及出图模板等。地区标准选定后,要素属性、层数据库、用地标准、设置符号库等与标准相关的所有内容自动匹配(图1-1)。同时也可编辑要素属性(图1-2)、层数据库(图1-3)等。

先选择地区标准,再分别设置相应的要素属性、数据库标准、用地标准、设施符号库。点击【编辑】编辑相应的属性。
①选择规划标准,并可同步图中已有的地块,点击【文件夹】进入规划标准文件夹。
②选择要素属性表,点击【编辑】编辑单元、道路、管线、建筑等属性表的内容。
③选择图层标准,点击【编辑】编辑图层分类、图层名称、颜色等属性。
④选择用地类别,点击【编辑】编辑用地类别属性,点击【颜色】编辑用地分类颜色,勾选【创建图层数据库】,直接创建所有的用地图层。
⑤选择设施符号库,点击【编辑】编辑公建配套图库。

图1-1　规划标准设定

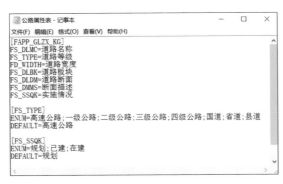

字段与中文名称可修改,保存修改内容后绘制的图形采用新字段。
【FAPP_****】为要素类名称。
字段属性主要四类:
【FS_***】:字符型;
【FD_***】:浮点型;
【FN_***】:整型;
【FT_***】:日期型。

图1-2　编辑要素属性

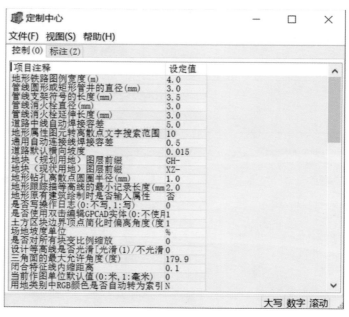

①选择要修改的图层的类别，如道路交通、用地图层、管线图层等。
②可将当前图层设置标准导出EXCEL文件，修改后再导入软件中。
③系统保留图层是软件自带图层，不允许修改，图层修改在用户标准图层进行。系统标准图层和用户保留图层通过"编码"列关联，所以不要随意修改用户标准图层的"编码"列。

图1-3 编辑层数据库

1.2.2 绘图参数设置

菜单位置：【系统】→【绘图参数设置】

功能：设置软件中的各项参数，包括各项标注的字高、精度等设置，绘图过程中各项参数的控制、填充的图案、颜色、比例、角度等（图1-4）。

图1-4 绘图参数设置

1.2.3　专业属性管理

菜单位置:【系统】→【专业属性管理】

功能:主要用于属性表修改或实体对象属性的添加、修改(图1-5)。

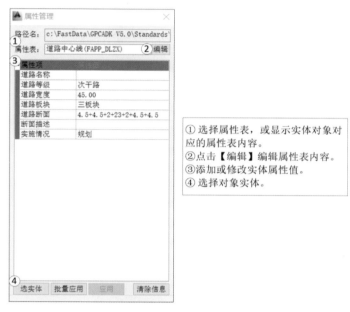

①选择属性表,或显示实体对象对应的属性表内容。
②点击【编辑】编辑属性表内容。
③添加或修改实体属性值。
④选择对象实体。

图1-5　专业属性管理

1.3　绘图环境设置

1.3.1　文件恢复开关

菜单位置:【系统】→【系统开关设置】→【文件恢复开关】

功能:控制是否开启文件恢复功能,如果开启文件恢复功能,则当程序打开【非正常关闭】的图纸时,将启动修复功能。

1.3.2　快捷菜单开关

菜单位置:【系统】→【系统开关设置】→【快捷菜单开关】

功能:控制快捷菜单栏的开与关,程序首次启动时默认为打开状态。快捷菜单上

半部分为常用命令，这些常用命令可以通过点取【定义常用菜单】按钮设置；下半部
分程序自动记录最近使用的5个命令，在重复使用这些命令时，可方便地从这里点取
（图1-6）。

图1-6　快捷菜单

1.3.3　图层工具条开关

菜单位置：【系统】→【系统开关设置】→【图层工具条开关】

功能：设置图层工具条开关的开启或关闭（图1-7）。

全显	选显	反显	记层	返层	关闭	当前	锁层	解锁	冻层	解冻	置顶	置底	顺序	隐藏	去隐	选类	选层	清层	删层	存层	改层	复层	层树

【全显】：显示图中所有图层。【选显】：显示所选实体所在的图层。【反显】：显示除所选实体所在图层以外的所有图层。【记层】：记录当前所有图层的显示/锁定/冻结状态。【返层】：将当前所有图层的显示/锁定/冻结状态返回到上次记录的状态。【关闭】：将所选实体所在的图层关闭。【当前】：将所选实体所在的图层置为当前图层。【锁层】：将所选实体所在的图层锁定。【解锁】：将所选你实体所在的图层解锁。【冻层】：将所选实体所在的图层冻结。【解冻】：将所选实体所在的图层解冻。【置顶】：将所选实体所在的图层置顶显示。【置底】：将所选实体所在的图层置底显示。

【顺序】：调整图中实体或者图层的显示顺序。【隐藏】：将所选实体隐藏为不可见状态。【去隐】：将隐藏的实体重新显示出来。

【选类】：将所选实体同图层、同类型的全部实体选中。【选层】：将所选实体所在层上的所有实体选中。【清层】：清除没有实体的图层。【删层】：删除所选实体所在图层和图层上的所有实体。【存层】：将所选实体所在的图层上的所有实体另存为DWG文件。【改层】：将所选实体改到当前图层。【层数】：控制图层树界面的打开与关闭。

图1-7　图层工具条

1.3.4　命令行按钮开关

菜单位置：【系统】→【系统开关设置】→【命令行按钮开关】

功能：命令行按钮是否支持鼠标操作，如果命令行按钮打开，命令行的选项可以通过鼠标单击选择。

1.3.5　菜单位置保存

菜单位置：【系统】→【系统开关设置】→【菜单位置保存】

功能：对现有设置好的菜单条、工具条位置进行保存，以保证下次启动时保持现有位置。

1.3.6　命令定制

菜单位置：【系统】→【系统开关设置】→【命令定制】

功能：自定义定制各项功能快捷键（图1-8）。

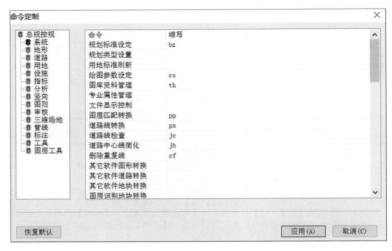

图1-8　命令定制

1.3.7　工具栏定制

菜单位置:【系统】→【系统开关设置】→【工具栏定制】

功能:选择需要的快捷工具栏(图1-9),定制工具栏,如图 1-10所示。

图1-9　工具栏组

图1-10　工具栏定制

 1.4　项目设置

1.4.1　项目范围线

菜单位置：【系统】→【项目范围线】

功能：绘制项目范围线。项目范围线是项目的界限，相关统计指标与项目范围线有关。可以输入项目属性指标。

1.4.2　项目内容管理

菜单位置：【系统】→【项目内容管理】

功能：标记及显示当前项目的实体（图1-11）。

图1-11　项目内容管理

1.5　原有图形转换

1.5.1　图层匹配转换

菜单位置：【系统】→【原有图形转换】→【图层匹配转换】

功能：将图层与GPCADK标准图层匹配（图1-12）。

图1-12　图层匹配转换

1.5.2　其他软件转换

菜单位置:【系统】→【原有图形转换】→【其他软件转换】

功能:程序自动识别湘源、数慧、理正、济南控规软件图形,转换为GPCADK可识别图形(图1-13)。

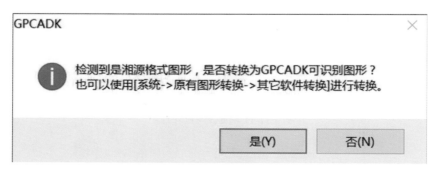

图1-13　其他软件图形转换

1.5.3　道路线转换

菜单位置:【系统】→【原有图形转换】→【道路线转换】

功能:将对非GPCADK绘制的道路按图层或颜色进行转换(图1-14),单击【拾取】按钮,选择不同图层或颜色的道路线,选择对象后单击【确定】按钮,程序自动进行转换,转换后的道路GPCADK软件能自动识别。

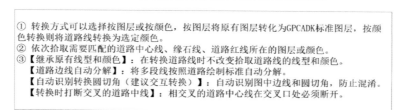

① 转换方式可以选择按图层或按颜色，按图层将原有图层转化为GPCADK标准图层，按颜色转换则将道路线转换为选定颜色。
② 依次拾取需要匹配的道路中心线、缘石线、道路红线所在的图层或颜色。
③【继承原有线型和颜色】：在转换道路线时不改变拾取道路线的线型和颜色。
　【道路边线自动分解】：将多段线按照道路绘制标准自动分解。
　【自动识别转换圆切角（建议交互转换）】：自动识别图中边线和圆切角，防止混淆。
　【转换时打断交叉的道路中线】：相交叉的道路中心线在交叉口处必须断开。

图1-14　道路线转换

1.5.4　道路线检查

菜单位置：【系统】→【原有图形转换】→【道路线检查】

功能：道路转换后进行道路检查（图1-15），主要是检查道路中心线是否有对应的道路边线，道路圆切角与道路边线是否存在识别错误（将道路边线识别成道路圆切角，或将道路圆切角识别成道路边线）。

①【显示圆切角】：显示所有带有圆切角标记的线段。若发现识别错误，可将识别错误的线段选中，单击【转边线】按钮，将其转换为道路边线。
　【显示边线】：显示除圆切角以外所有在道路边线图层上的线段。若发现识别错误，可将识别错误的线段选中，单击【转圆切角】按钮，将其转换为圆切角。
②【分解线】：将道路线在节点处分解，类似CAD中的explode功能，只是分解后的实体类型不同。
　【连接线】：将断线连接成一根线。

图1-15　道路线检查

1.5.5 图层识别地块转换

菜单位置：【系统】→【原有图形转换】→【图层识别地块转换】

功能：将所选地块转化为GPCADK形式的地块（图1-16）。

① 点击【编辑】弹出规划标准选择对话框，可设置地块转换的标准。
② 选择填充色块或封闭线进行地块转换，选择封闭线时可勾选下方"转换后，生成地块填充"。
③ 点击【获取】选择封闭线或者色块所在的图层，也可以用选实体来单独选取地块。
④ 选择地块或图层后，系统自动识别地块类型，此时也可以通过"输入选择"来更改。也可以用识别标注选择图上的用地性质标注块。
⑤ 转换后颜色可保持原有颜色不变或转换为系统设置颜色。
⑥ 可以隐藏已转换色块，防止混淆。
⑦【合并】选择主地块和与之相邻的被合并的地块，合并成与主地块性质相同的一个地块。
【分割】绘制并选择分割线，将地块分成多个。
【重绘】点取要重绘的地块，系统进行重绘。

图1-16　图层识别地块转换

1.5.6 属性识别地块转换

菜单位置：【系统】→【原有图形转换】→【属性识别地块转换】

功能：选择封闭的多边形样本，系统自动识别地块属性，并据此进行地块转换。

1.5.7 地块标注信息定义

菜单位置：【系统】→【原有图形转换】→【地块标注信息定义】

功能：选取图中标注块作为信息标注块模板（图1-17），弹出【信息块匹配定义】对话框（图1-18），程序会将所有标注块信息与地块信息对应起来（对话框左侧为标准地块属性，右侧为图中标注块属性，系统会进行自动匹配）。

命令行与操作如下：

选择信息标注块模板 ↵

选择信息标注块，弹出"信息块匹配定义"对话框。

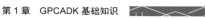

B1-7	2.961	20	600
2.5	45	40	7500
备注			

图1-17 地块信息标注块

图1-18 信息块匹配定义

检查无误后点击【确定】按钮，信息块匹配定义成功后弹出如图1-19所示对话框。

图1-19 信息块匹配定义成功

1.5.8 地块标注信息关联

菜单位置:【系统】→【原有图形转换】→【地块标注信息关联】

功能:将标注块信息与地块进行信息关联,关联成功后,标注块信息会在规划地块信息中显示(图1-20)。进行地块标注信息定义后,选择需要关联的标注块,将标注块中信息写入地块中(图1-21)。

B1-7	2.961	20	600
2.5	45	40	7500
备注			

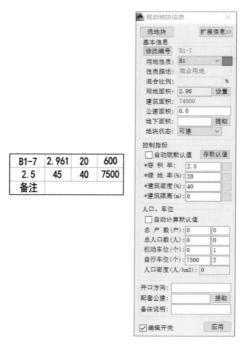

图1-20 规划地块信息

图1-21 信息块关联成功

1.6 实例与练习

1.6.1 自定义规划标准

（1）实验目的

设置绘图过程中涉及的相关标准，包括图层标准、控规用地分类标准以及管线标准。当地区标准选定后，绘图参数、公建配套图库、用地信息标注样式等与标准相关的所有内容都自动匹配。

（2）实验步骤

① 打开练习文件"Chp2\dl.dwg"。

② 菜单栏中选择【系统】→【规划标准设定】。

③ 设定地区标准，选择【通用标准】。

④ 编辑图层数据库。菜单栏中选择【系统】→【规划标准设定】，点击【层数据库】的【编辑】按钮，更改"DL-道路中心线"为"道路中心线"，颜色设置红色，保存。

⑤ 结果如图1-22所示，道路中心线变为红色，道路中心线图层名变为"道路中心线"。

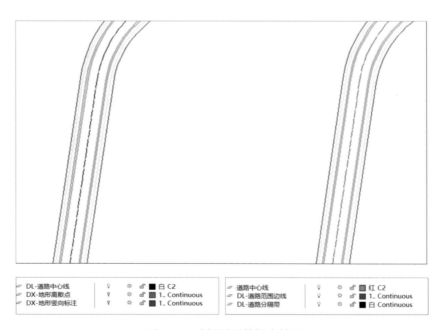

图1-22 编辑图层数据库结果

⑥ 打开练习文件"Chp2\dk.dwg"。

设置用地标准颜色，选择【用地标准】后的【颜色】，在如图1-23所示界面中修改用地颜色，点击R1，将R1性质的地块颜色更改为红色，结果如图1-24所示。

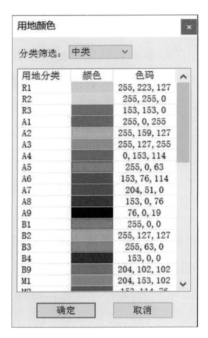

图1-23　修改用地标准颜色

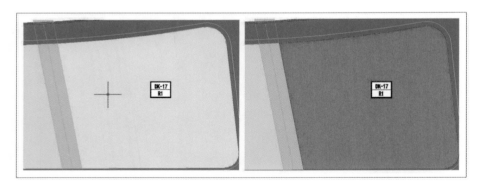

图1-24　修改用地标准颜色结果

1.6.2　非GPCADK道路转换

（1）实验目的

对非GPCADK绘制的道路按图层进行转换。

（2）操作步骤

① 打开练习文件"Chp2\dlzh.dwg"，此文件为非GPCAD软件绘制的道路文件。

② 菜单栏中选择【系统】→【原有图形转换】→【道路线转换】。

③ 启动【道路线转换】对话框，如图1-25所示，选择转换方式"按图层转换道路"，将把原有文件按图层转化到标准图层。

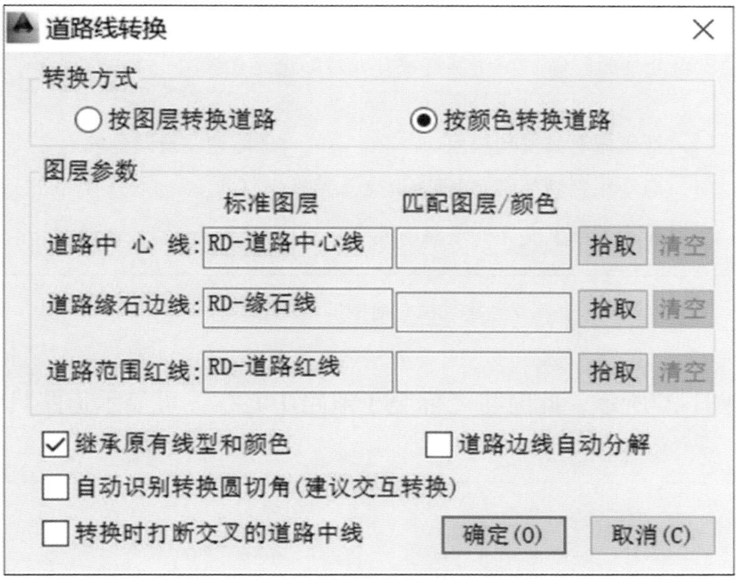

图1-25　道路线转换

④ 点击道路中心线一栏的【拾取】按钮，依次选择道路中心线、缘石线、红线（图1-26），命令行与操作如下：

```
该功能的键盘快捷命令：px
请选择道路中心线：（选择道路中心线）
请选择道路缘石线：（选择道路缘石线）
请选择道路范围红线：（选择道路范围红线）
选择转换道路线 [ 全部 (All)]：all
```

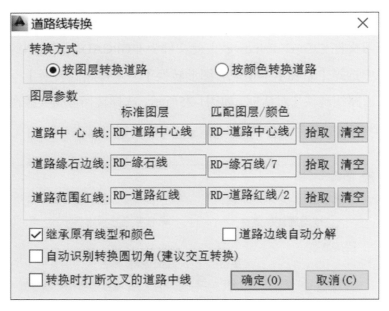

图1-26　拾取匹配图层

⑤ 结果如图1-27所示，此时将光标至于道路中心线，可显示道路具体信息。

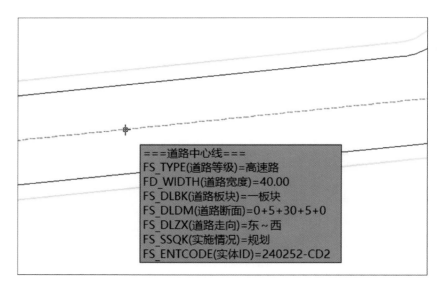

图1-27　道路详细信息

（3）说明

① 道路转换后可能存在部分圆切角、边线识别错误的情况，此时可通过【系统】→【原有图形转换】→【道路线检查】来修正。

② 勾选下方四个选项

【继承原有线型和颜色】：在转换道路线时不改变拾取道路线的线型和颜色。

【道路边线自动分解】：将多段线按照道路绘制标准自动分解。

【自动识别转换圆切角（建议交互转换）】：自动识别图中边线和圆切角，防止混淆。

【转换时打断交叉的道路中线】：交叉的道路中心线在交叉口处必须断开。

1.6.3　非GPCADK地块识别转换

（1）实验目的

对非GPCADK绘制的地块按图层进行转换。

（2）操作步骤

① 打开练习文件"Chp2\dkzh.dwg"。

② 菜单栏中选择【系统】→【原有图形转换】→【图层识别地块转换】。

③ 启动【地块转换】对话框，如图1-28所示。

图1-28　地块转换

④转换类型选择【填充色块】，点击【获取】按钮，选择色块，软件自动识别地块所在图层和地块性质。

⑤选取如图1-29所示色块。

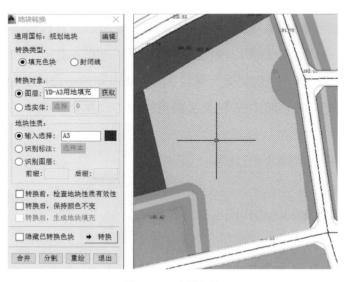

图1-29　选择色块

⑥ 点击【转换】按钮，系统将地块所在图层的所有地块，转化为GPCADK规划地块，光标置于转换成功的地块上，可查看地块信息（图1-30）。

⑦再次点击【获取】按钮，依次转换其他图层地块。

图1-30　规划地块详细信息

第 2 章

地形绘制与分析

本章主要是对原始地形图进行录入、转换，使软件能识别已有的地形图信息。主要内容包括：原始地形的转换、原始地形的输入、标高数据源的设置与离散化、离散点的检查、修改、导出。

2.1 地形生成

2.1.1 离散点输入

（1）**离散点添加**

菜单位置：【地形】→【离散点输入】→【离散点添加】

功能：在图纸中添加离散点。

命令行与操作如下：点击离散点添加，指定离散点位置，输入该点标高值。

> 该功能的键盘快捷命令：lsd
>
> 当前标注样式：圆圈半径 0.5，文字高度 2.0，标注基数 0.0，标注角度 0.0 度
>
> 指定离散点位置 [修改标注样式 (T)]：
>
> 输入标高值：（输入标高值）
>
> 指定离散点位置 [修改标注样式 (T)]：T
>
> 修改 [圆圈半径 (C)/ 文字高度 (H)/ 标注基数 (B)/ 标注角度 (A)]：<B>C
>
> 当前圆圈半径为 0.5
>
> 请输入新半径：<0.5>（输入新半径）

（2）**沿线布离散点**

菜单位置：【地形】→【离散点输入】→【沿线布离散点】

功能：在图纸中沿线布置添加离散点。

命令行与操作如下：

> 请选择曲线 [绘制曲线 (D)]：D
>
> 起点或圆心 [参照点 (R)/ 参照线 (P)]：
>
> [圆弧 (A)/ 圆 (B)/ 矩形 (D)/ 设倾角 (S)/ 延伸 (L)/ 参照点 (R)/ 参照线 (P)/ 求垂足 (G)/ 线宽 (W)]< 下一点 >：
>
> [圆弧 (A)/ 闭合 (C)/ 设倾角 (S)/ 延伸 (L)/ 参照点 (R)/ 参照线 (P)/ 求垂足 (G)/ 回退 (U)/ 线宽 (W)]< 下一点 >：
>
> 请在该线上指定一个点 [起点 (S)/ 终点 (E)]：S
>
> 请输入该点高程：<0.000>：（输入第一点高程）

请输入第二点 / 终点 (E)：E

请输入该点高程 <0.000>：（输入第二点高程）

当前曲线长 126.95，请指定等分间距 [指定等分段数目 (D)]<6.00>：

（3）离散点修改

菜单位置：【地形】→【离散点输入】→【离散点修改】

功能：修改图纸中的离散点。选择需要修改的离散点，可修改它的数值或者移动它的位置。

命令行与操作如下：

选择离散点：

选择要进行的操作 [修改离散点 (P)/ 移动离散点 (M)] <P>：P

请输入新高程 <100.00>：

选择要进行的操作 [修改离散点 (P)/ 移动离散点 (M)] <P>：M

MOVE

选择对象：找到 2 个，2 个编组

选择对象：

指定基点或 [位移 (D)] < 位移 >：

指定基点或 [位移 (D)] < 位移 >：

指定第二个点或 < 使用第一个点作为位移 >：

2.1.2　等高线输入

（1）取点绘制

菜单位置：【地形】→【等高线输入】→【取点绘制】

功能：绘制等高线。

命令行与操作如下：

确定等高线形式 [曲线型 (0)/ 折线型 (1)]<0>：0

输入等高线高差 [递增为正，递减为负] <2.0>：（指定等高线高差）

第一点：（指定第一点）

下一点：（指定下一点）

下一点 [闭合 (C)]：C

（2）**跟踪绘制**

菜单位置：【地形】→【等高线输入】→【跟踪绘制】

功能：绘制随鼠标的轨迹的等高线。

命令行与操作如下：

输入等高线高差 [递增为正，递减为负] <2.0>：

等高线起点：

指定等高线终点：

（3）**等高线标注**

菜单位置：【地形】→【等高线输入】→【等高线标注】

功能：对等高线进行标注。

命令行与操作如下：

选择 [单条标注 (S)/ 成组标注 (G)/ 选择部分 (W)/ 全部标注 (A)/ 设置标注
参数 (P)] <G>：S

选择等高线：

（4）**线条光滑处理**

菜单位置：【地形】→【等高线输入】→【线条光滑处理】

功能：对不光滑或想要进行光滑处理的等高线进行光滑处理。

命令行与操作如下：

选择对象：找到 1 个

选择对象：

2.1.3 高程点与等高线转换

（1）**高程点转换**

菜单位置：【地形】→【高程点转换】

功能：将高程点转换成GPCADK识别的地形离散点。

命令行与操作如下：

该功能的键盘快捷命令：gcd

输入最小有效高程值 < 不限制 >：（输入最小高程值）

输入最大有效高程值 < 不限制 >：（输入最大高程值）

选择要转换的样本图元或[海图标高(H)/分散文字标高(T)]:（选择样本图元）

该实体为***层上的块，块名为：***(系统自动识别实体)

该图元已有标高为：***，是否直接采用?[Y/N]<Y>:（系统自动识别标高）

是否生成标高文字?[是(Y)/否(N)/字高(S)/精度(R)]<N>:（是否生成标高文字）

转换同类型图元[全部(A)/框选(S)/单个(O)]<A>:

当前采用块Z标高进行转换!

选了***个图元文字，生成了***个离散点!（转换成功）

（2）有高程等高线转换

菜单位置:【地形】→【有高程等高线转换】

功能：将有高程值的等高线转换成GPCAD识别的等高线。（等高线特性有"标高"值，则是有高程等高线。）

命令行与操作如下：

该功能的键盘快捷命令：gcx

选择一个样本等高线：

等高线最小标高值 <0.0>:（输入最小标高值）

等高线最大标高值 < 不限 >:（输入最大标高值）

转换同类型等高线 [全部 (A)/ 框选 (S)]<A>:

（3）无高程等高线转换

菜单位置:【地形】→【无高程等高线转换】

功能：对没有高程值的等高线进行赋高程转换。可选择逐条或者成组转换等高线，逐条需要选择输入等高线高差、需要转换的实体以及是否记曲线，成组则需按照指示框选闭合范围，输入等高线高差、高亮显示等高线的高程，选择是否记曲线以及指定标注点。

命令行与操作如下：

选择方式 [逐条转换 (S)/ 成组转换 (G)]<G>: s

输入等高线高差 [递增为正，递减为负] <1.0>:

选择要转换的实体 [圆、圆弧、直线、多义线]:

输入标高值 <0.00>

是否为计曲线 [是 (Y)/ 否 (N)] <Y>:

指定标注点:

选择要转换的实体 [圆、圆弧、直线、多义线]:

（4）高程整体转换

菜单位置:【地形】→【高程整体转换】

操作:选择后点击【确认】按钮即可转化。

功能:自动转换处理南方CASS生成的地形图,一次性完成等高线与离散点的转换。

2.2 地形编辑

2.2.1 等高线属性刷

菜单位置:【地形】→【等高线属性刷】

功能:将等高线的z坐标值（标高）、图层等信息刷到其他等高线上。

操作:选择源等高线后点选其他等高线即可。

命令行与操作如下:

选择源等高线:

选择目标对象:找到 1 个

选择目标对象:找到 1 个,总计 2 个

2.2.2 等高线中间点简化

菜单位置:【地形】→【等高线中间点简化】

功能:有些等高线中间节点很多,通过设定中间点的偏离角度,将该角度范围内的点去除,优化容量,但线条的光滑性将下降（图2-1）。

【删除点最大偏移角度】删除中间点后两点间最大偏移角度
【删除点最大删除距离】删除中间点的最大删除距离

图2-1　删除中间点

2.2.3　等高线检查

菜单位置：【地形】→【等高线检查】

功能：对图中所有的等高线进行检查，程序可自动读取范围内最大、最小高程值，用户也可自行根据需要录入正常范围高程值，过滤出错误等高线并对其进行改高程、改层、删除等处理（图2-2）。

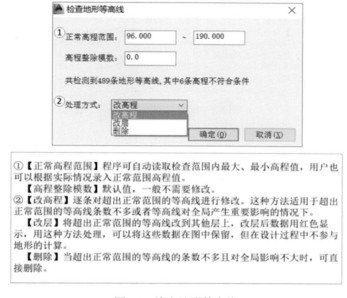

图2-2　检查地形等高线

说明：为尽量减少地形处理过程中的失误导致的地形错误，在等高线处理完之后，一定要进行【等高线检查】操作。

2.2.4　离散点检查

菜单位置：【地形】→【离散点检查】

功能：对图中所有离散点进行检查，检查离散点是否在设定范围内，并对错误离散点进行处理（图2-3）。为尽量减少地形处理过程中的失误导致的地形错误，在地形处理完之后，一定要进行【离散点检查】操作。

①【正常高程范围】程序可自动读取检查范围内最大、最小高程值，用户也可以根据实际情况录入正常范围高程值。
【高程整除模数】默认值，一般不需要修改。
②【改高程】逐条对超出正常范围的离散点进行修改。这种方法适用于超出正常范围的离散点个数不多或者离散点对全局产生重要影响的情况下。
【改层】将超出正常范围的离散点改到其他层上，改层后数据用红色显示，用这种方法处理，可以将这些数据在图中保留，但在设计过程中不参与地形的计算。

图2-3　检查自然离散点

2.2.5　离散点导出

菜单位置：【地形】→【离散点导出】

功能：将图中的离散点导出到sv地形数据文件中（图2-4）。

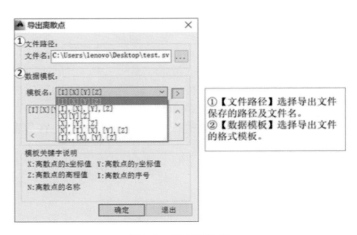

图2-4　导出离散点

2.2.6　任意点标高计算

菜单位置：【地形】→【任意点标高计算】

功能：计算任意点的自然标高、设计标高、平均自然标高、拟合自然标高、拟合面坡度及拟合面坡向，并在同一个对话框中显示（图2-5）。

图2-5　任意点标高计算

2.3　实例与练习

2.3.1　地形高程点识别

（1）实验目的

将地形图高程点转换成GPCADK识别的地形离散点。

（2）操作步骤

① 打开练习文件 "Chp3\dx_CASS.dwg"，此文件为南方CASS地形文件。

② 选择【菜单栏】→【地形】→【高程点】转换。

③ 命令行与操作如下：

该功能的键盘快捷命令：gcd

输入最小有效高程值<不限制>：↵

输入最大有效高程值<不限制>：↵

选择要转换的样本图元或[海图标高(H)/分散文字标高(T)]：（选择高程样本图元）

该实体为 GCD 层上的块，块名为：GC200

该图元已有标高为：110.5，是否直接采用?[Y/N]<Y>：Y↵

是否生成标高文字?[是(Y)/否(N)/字高(S)/精度(R)]<Y>：↵

转换同类型图元[全部(A)/框选(S)/单个(O)]<A>：↵

④ 结果如图2-6所示。

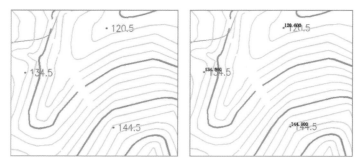

图2-6　高程点转换结果

（3）说明

如果限定最小高程值、最大高程值，那么在限定值范围外的高程点不做转换。

2.3.2　地形等高线识别

（1）实验目的

将地形图有高程等高线转换成GPCADK识别的地形等高线。

（2）操作步骤

① 打开练习文件"Chp3\dx_CASS.dwg"，此文件为南方CASS地形文件。

② 选择【菜单栏】→【地形】→【有高程等高线转换】。

③ 命令行与操作如下：

```
该功能的键盘快捷命令：gcx
选择一个样本等高线：
等高线最小标高值<0.0>：↵
等高线最大标高值<不限>：↵
转换同类型等高线[全部(A)/框选(S) ] <A>：↵
```

（3）说明

① 如果限定最小高程值、最大标高值，那么在限定值范围外的等高线不做转换。

② 选择等高线查看特性，通过"标高"属性可查看是否具有高程信息。

2.3.3　标高、坡度与坡向计算

（1）实验目的

计算任意点的自然标高、设计标高、平均自然标高、拟合自然标高、拟合面坡度

及拟合面坡向，并在同一个对话框中显示。

（2）操作步骤

① 打开练习文件"Chp3\dx.dwg"。

② 选择【菜单栏】→【地形】→【任意点标高计算】。

③ 启动【任意点标高计算】对话框（如图2-7所示），输入字高4，选择精度0.01。

图2-7　计算标高

④ 结果如图2-8所示。

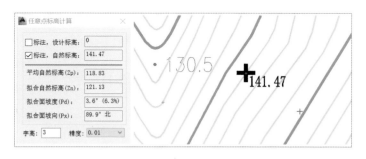

图2-8　任意点标高计算结果

（3）说明

① 原地形图没有设计标高数据，则设计标高值为0.00。

② [修改计算范围(C)]命令限定计算范围，范围线外的点不计算高程点。

2.3.4 全站仪文件导入

（1）实验目的

将全站仪生成的地形文件导入软件，自动生成高程点实体。

（2）操作步骤

① 以"记事本"格式打开"Chp3\qzy.dat"，根据模板关键字说明将数据排布格式用关键字表示出来。如图2-9中的数据，则模板为："；[I] [X] [Y] [Z]"，将模板写在数据文本的第一行，保存。

② 在菜单栏中选择【地形】→【全站仪文件导入】，选择修改完后的全站仪文件进行导入（图2-10）。

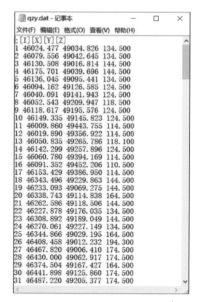

图2-9　全站仪文件数据

图2-10　导入全站仪文件

③ 确定无误后，点击【确定】按钮，结果如图2-11所示。

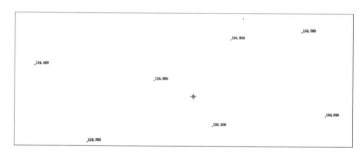

图2-11　全站仪文件导入结果

（3）说明

模板最开始的";"行标识符号，是必需的。[X]、[Y]、[Z]离散点的x、y、z坐标值，具体顺序按文件中x、y、z值顺序。[I]离散点的序号，如果没有序号则不需要。[N]离散点的名称，如果没有名称则不需要。

注意数据间隔断方式，如数据间的空格数、标点符号及X、Y、Z的先后顺序。例如"047956.346,56595.316,232.700"，数据间以逗号隔开，则对应模板为";[I] [X],[Y],[Z]"。

2.3.5　离散点导出

（1）实验目的

将图中的离散点导出到TXT文件中。

（2）操作步骤

① 打开练习文件"Chp3\dx.dwg"。

② 选择【菜单栏】→【地形】→【离散点导出】（图2-12）。

图2-12　离散点导出结果

③结果如图2-13所示。

```
gcd - 记事本                                          —   □   ×
文件(F)  编辑(E)  格式(O)  查看(V)  帮助(H)
;[I][X][Y][Z]
1  46024.477  49034.826  134.500
2  46079.556  49042.645  134.500
3  46130.508  49016.814  144.500
4  46175.701  49039.696  144.500
5  46136.045  49095.441  134.500
6  46094.162  49126.585  124.500
7  46040.091  49141.943  124.500
8  46052.543  49209.947  118.500
9  46118.617  49195.576  124.500
10  46149.335  49145.823  124.500
11  46009.860  49443.755  114.500
12  46019.890  49356.922  114.500
13  46050.835  49265.786  118.100
14  46142.299  49257.896  124.500
15  46060.780  49394.169  114.500
16  46091.352  49452.206  110.500
17  46153.429  49386.950  114.500
18  46343.496  49229.863  144.500
19  46233.093  49069.275  144.500
20  46338.743  49114.838  164.500
21  46262.586  49118.506  144.500
22  46227.878  49176.035  134.500
23  46308.892  49189.049  144.500
24  46270.061  49227.149  134.500
25  46344.866  49029.195  164.500
```

图2-13　离散点导出TXT文件

第3章

道路绘制与分析

　　本章主要内容包括：道路转换、道路绘制、道路交叉口处理、道路编辑、道路填充、道路信息统计。GPCADK 的道路采用几何识别技术，用户只需将道路中线、边线、人行道线放置不同图层即可使用道路设计模块中的全部功能，并且道路边线、人行道线可以使用 CAD 命令随意编辑处理，所有道路参数均可以定制。

3.1 道路生成

3.1.1 道路线转换

（1）中线转道路

菜单位置:【道路】→【道路线转换】→【中线转道路】。

功能:在已有道路中心线上,通过设置道路参数,生成带道路边线的道路(图3-1)。

图3-1　中线转道路

（2）多线批量转道路

菜单位置:【道路】→【道路线转换】→【多线批量转道路】

功能:对非GPCAD绘制的道路按图层或按不同的颜色进行转换（图3-2）。

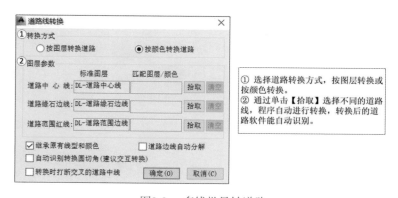

图3-2　多线批量转道路

（3）宽度线转道路

菜单位置：【道路】→【道路线转换】→【宽度线转道路】

功能：将有宽度的线转换为道路中心线及道路红线或缘石边线（图3-3）。

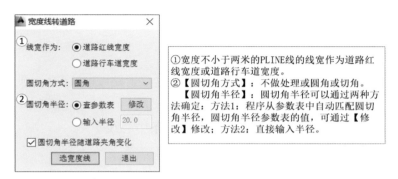

图3-3　宽度线转道路

3.1.2　道路绘制

菜单位置：【道路】→【道路绘制】

功能：设置道路参数，绘制新的路网（图3-4）。

图3-4　道路绘制

3.1.3　圆弧路转换

（1）L路转圆弧路

菜单位置：【道路】→【圆弧路转换】→【L路转圆弧路】

功能：将L路转换为圆弧路，圆弧路半径为道路中心线所在圆弧半径（图3-5）。

命令行与操作如下：

该功能的键盘快捷命令：ll
请选择转角处两端道路中心线[道路修复(R)/连接道路线(J)/回退(U)]：（点选一条中心线）
请选择转角道路的另一条中心线：（点选另一条中心线）
输入圆弧半径[输入切距(Q)]<150.00>：↵

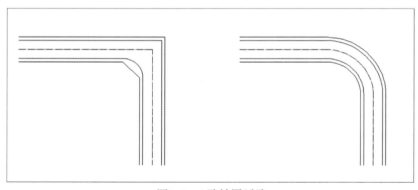

图3-5　L路转圆弧路

（2）圆弧道路拓宽

菜单位置：【道路】→【圆弧路转换】→【圆弧道路拓宽】

功能：对圆弧路进行拓宽处理（图3-6）。

命令行与操作如下：

请选择圆弧：（点选圆弧）
加宽值<2.00>：↵
加宽缓和段长度<40.00>：↵
加宽缓和段连接方式[直线(0)/缓和曲线(1)]<0>：↵
请选择加宽方向：（选择加宽方向）

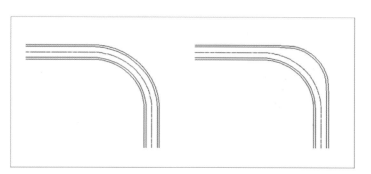

图3-6   圆弧道路拓宽

3.1.4   交叉口处理

菜单位置：【道路】→【交叉口处理】

功能：道路交叉处切角参数设置（图3-7）。

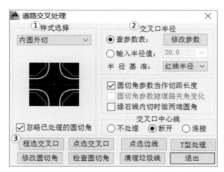

图3-7   道路交叉口处理

3.1.5   回车场环岛

（1）环岛生成

菜单位置：【道路】→【回车场环岛】→【环岛生成】

功能：在道路交叉口形成环岛（图3-8）。

依次输入【内环缘石边线半径】、【车行道总宽度】、【外侧人行道宽度】、【内侧人行道宽度】、【交汇路圆角半径】数值。【圆切角处理方式】可选择选择内圆外圆/内圆外切/内切外切。最后选择道路交叉口即可生成环岛。

图3-8　环岛生成

（2）道路回车场

菜单位置：【道路】→【回车场环岛】→【道路回车场】

功能：在道路端口生成回车场（图3-9）。

①【类型】：选择回车场类型。
②【回车场尺寸】：不同类型由不同参数（ABCDLR）控制，输入数值，选择道路中线端点。
③【回车场镜像】：选择已有回车场进行镜像操作。

图3-9　道路回车场

3.1.6　喇叭口车港

（1）道路喇叭口

菜单位置：【道路】→【喇叭口车港】→【道路喇叭口】

功能：在道路拐角处生成喇叭口（图3-10）。

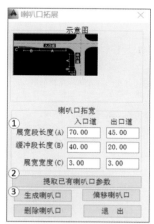

①依次输入入口道和出口道【展宽段长度】、【缓冲段长度】、【展宽宽度】值。
②【提取已有喇叭口参数】选择参照喇叭口。
③【生成喇叭口】：选择道路边线或缘石线。
　【偏移喇叭口】：选择参照喇叭口，在另外的线上偏移生成喇叭口。
　【删除喇叭口】：删除喇叭口，道路还原来参数。

图3-10　道路喇叭口

（2）分隔带喇叭口

菜单位置：【道路】→【喇叭口车港】→【分隔带喇叭口】

功能：在分隔带上生成喇叭口（图3-11）。

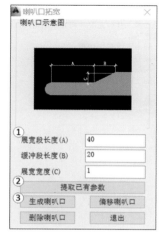

①依次输入【展宽段长度】、【缓冲段长度】及【展宽宽度】数值。
②【提取已有喇叭口参数】：选择参照喇叭口。
③【生成喇叭口】：点选喇叭口线段，选择喇叭口方向，两边同时同步做喇叭口。
　【偏移喇叭口】：选择参照喇叭口，在另外的线上偏移生成喇叭口。
　【删除喇叭口】：删除喇叭口，道路还原来参数。

图3-11　分隔带喇叭口

（3）道路车港

菜单位置：【道路】→【喇叭口车港】→【道路车港】

功能：在道路上生成车港（图3-12）。

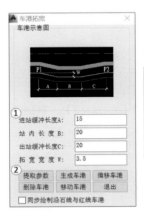

① 依次输入【进站缓冲长度A】、【站内长度B】、【出站缓冲长度C】及【拓宽宽度W】数值。
② 【提取参数】：选择参照车港。
   【生成车港】：选择车港的起点及凸进方向，绘制车港。
   【偏移车港】：选择参照车港，在另外的线偏移生成车港。
   【删除车港】：删除已有的车港。
   【移动车港】：设置距离及方向，移动车港。

图3-12　道路车港

3.1.7　绿化分隔带

菜单位置：【道路】→【绿化分隔带】

功能：处理绿化分隔带（图3-13）。

【分隔带生成】：选择道路中心线，自动生成分隔带。
【单分隔带开口】：设置分割点或输入开口宽度，将分隔带开口。
【多分隔带开口】：设置分割线或输入开口宽度，将分隔带开口。
【分隔带连接】：将两段分隔带进行连接。
【分隔带封闭】：将未封闭的分隔带进行封闭处理。
【分隔带裁剪】：对分隔带进行裁剪处理，去掉不需要的部分。
【端点移动】：将分隔带的某个端点进行移动。
【端点封闭】：对端点没有封闭的分隔带进行自动封闭处理。
【等分绘制】：设定分隔带长度，以固定的距离分布。
【自由绘制】：自由绘制生成分隔带。
【分隔带填充】：对分隔带进行颜色填充。

图3-13　绿化分隔带相关指令

3.1.8　河道绘制

菜单位置：【道路】→【河道绘制】

功能：绘制河道线以及河道信息录入（图3-14）。

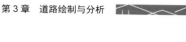

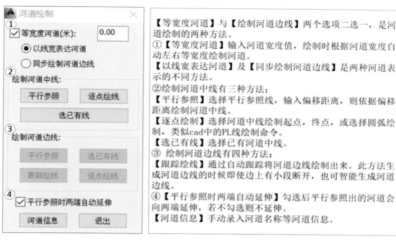

图3-14 河道绘制

3.1.9 标准横断面

（1）断面编号标注

菜单位置：【道路】→【标准横断面】→【断面编号标注】

功能：标注断面编号（图3-15）。

图3-15 道路断面编号

（2）标准断面绘制

菜单位置：【道路】→【标准横断面】→【标准断面绘制】

功能：绘制有编号的道路的断面（图3-16），结果如图3-17所示。

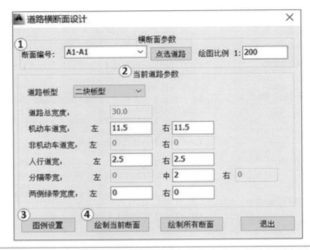

①【断面编号】【点选道路】：通过编号或直接点选选择绘制断面的道路。
②【当前道路参数】：修改当前要绘制的道路参数，以修改断面图。
③【图例设置】：进入图库选择树、路灯、行人等不同图案。
④【绘制所有断面】：绘制所有道路的断面。
　【绘制当前断面】：绘制当前选择的道路断面。

图3-16　道路横断面绘制

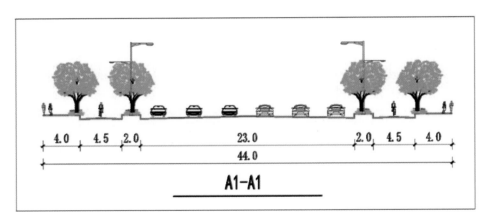

图3-17　道路横断面绘制结果

（3）道路断面图库

菜单位置：【道路】→【标准横断面】→【道路断面图库】

功能：可预览道路断面的树、路灯、草坪等图案（图3-18）。

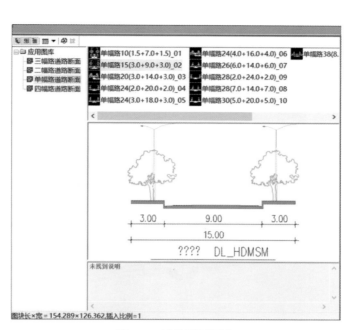

图3-18　道路断面图库

3.2　道路编辑

3.2.1　道路线检查

菜单位置:【道路】→【线转道路】→【道路线检查】

功能:检查道路中心线是否有对应的道路边线,道路圆切角与道路边线是否存在识别错误(图3-19)。

图3-19　道路线检查

3.2.2 圆切角检查

菜单位置:【道路】→【线转道路】→【圆切角检查】

功能:标出每个道路圆切角的位置,通过点选圆切角位置可以将圆切角转为道路边线(图3-20)。

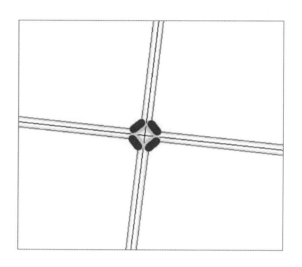

图3-20　圆切角检查

3.2.3 端点移动

菜单位置:【道路】→【道路编辑】→【端点移动】

功能:移动道路端点(端点的选择以在中线上点选的点,距离哪个端点近为准),移动后道路的端点会与圆切角断开,交叉口自动处理(图3-21)。

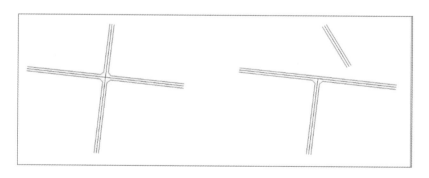

图3-21　端点移动

3.2.4 道路连接

菜单位置:【道路】→【道路编辑】→【道路连接】

功能:将两段道路连接为一条道路,也可将本来就连接的两条道路变为一条道路,连接的道路必须有一样的路宽(图3-22)。

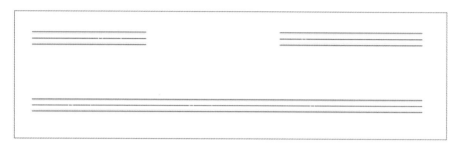

图3-22 道路连接

3.2.5 道路断开

菜单位置:【道路】→【道路编辑】→【道路断开】

功能:通过分割线或设置宽度,将一条道路断为两条(图3-23)。

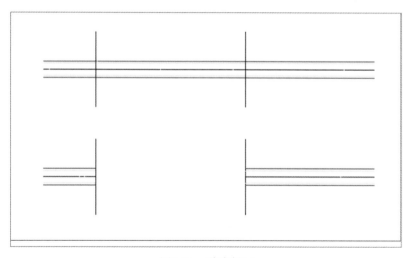

图3-23 道路断开

3.2.6 道路裁剪

菜单位置:【道路】→【道路编辑】→【道路裁剪】

功能:将道路的某一段截去(图3-24)。

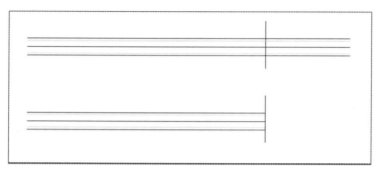

图3-24　道路裁剪

3.3　道路信息

3.3.1　道路信息编辑

菜单位置：【道路】→【道路线信息】→【信息编辑】

功能：对已有的道路进行编辑，包括道路板型、道路宽度、道路名称等信息。此功能也可以通过双击道路中心线实现（图3-25）。

图3-25　道路信息编辑

3.3.2　道路信息复制

菜单位置：【道路】→【道路线信息】→【信息复制】

功能：道路属性刷。将源道路上的属性复制到目标道路上，包括道路的路宽、等级、板型、类型等参数（图3-26）。

点击【信息复制】时，屏幕会显示"点取源道路"，选择后会显示原道路信息，选择确定之后，会显示"点取目标道路"，选择目标道路之后，就会对道路的信息进行复制。

图3-26　道路信息复制

3.3.3　道路等级定义

（1）等级定义

菜单位置：【道路】→【道路线信息】→【等级定义】

功能：通过选择路宽或者选择道路线来修改道路等级（图3-27）。

①【选择路宽修改道路等级】：道路类型可以分为支路、次干路、主干路、快速路、高速路和其他道路。
②【选道路修改等级】：可以通过选择道路中线来修改道路等级。

图3-27　道路等级定义

（2）等级显示

菜单位置：【道路】→【道路线信息】→【等级显示】

功能：对图中已有道路，按照道路等级进行线宽填充显示，对已有道路等级进行等级修改（图3-28）。

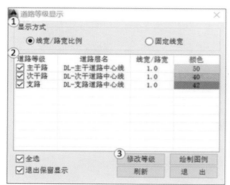

图3-28　道路等级填充显示

3.3.4　交叉点编号

菜单位置：【道路】→【道路点信息】→【道路节点编号】

功能：在道路交叉口或端点处定义道路节点编号（图3-29）。

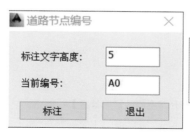

图3-29　道路节点编号

3.4 道路统计

3.4.1 道路填充

菜单位置：【道路】→【道路填充】

功能：按道路等级对道路进行填充（图3-30）。

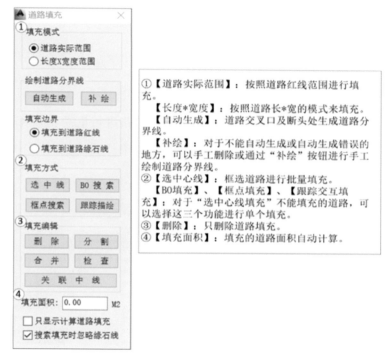

①【道路实际范围】：按照道路红线范围进行填充。

【长度*宽度】：按照道路长*宽的模式来填充。

【自动生成】：道路交叉口及断头处生成道路分界线。

【补绘】：对于不能自动生成或自动生成错误的地方，可以手工删除或通过"补绘"按钮进行手工绘制道路分界线。

②【选中线】：框选道路进行批量填充。

【BO填充】、【框点填充】、【跟踪交互填充】：对于"选中心线填充"不能填充的道路，可以选择这三个功能进行单个填充。

③【删除】：只删除道路填充。

④【填充面积】：填充的道路面积自动计算。

图3-30 道路填充

3.4.2 道路长度面积

菜单位置：【道路】→【道路长度面积】

功能：按道路等级或道路宽度或道路名称查询统计道路的长度、面积及路网密度。为了计算道路长度面积，需先进行道路填充（图3-31）。

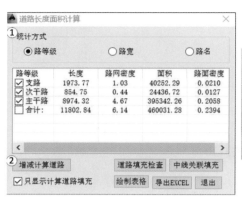

图3-31　道路长度面积计算

3.4.3　道路一览表

菜单位置：【道路】→【道路一览表】

功能：按路宽、路名、路段、横断面编号对道路进行汇总出表（图3-32）。汇总表可以直接在图上绘制，也可以导出到Word及Excel中。双击统计表中的某一行，可以在图中直接定位。

道路编号	道路名称	道路等级	道路走向	道路起止		道路长度(千米)	红线宽度(米)	板块类型	断面参数	备注
1	红旗路	主干路	南~北		...	1.312	45.0	三板块	4.5+4.5+2+23+2+4.5+4.5	
2	解放路	主干路	东~西	东方路~尽端	...	1.687	45.0	三板块	4.5+4.5+2+23+2+4.5+4.5	
3	中山路	主干路	南~北	笑宇路~尽端	...	0.343	45.0	三板块	4.5+4.5+2+23+2+4.5+4.5	
4	人民路	主干路	东~西	东方路~尽端	...	1.832	50.0	三板块	4.5+7+2+23+2+7+4.5	
5	东方路	主干路	东~西	笑宇路~尽端	...	1.618	45.0	三板块	4.5+4.5+2+23+2+4.5+4.5	
6	笑宇路	主干路	南~北	人民路~东方路	...	2.182	45.0	三板块	4.5+4.5+2+23+2+4.5+4.5	
7	建国路	次干路	南~北	红旗路~尽端	...	0.855	30.0	二板块	2.5+11.5+2+11.5+2.5	
8	东升路	支路	东~西	红旗路~建国路	...	0.407	21.0	二板块	2.5+7+2+7+2.5	

绘制表格　导出Word　导出Excel　定位道路　精度：0.000　退出

图3-32　道路一览表

3.5 实例与练习

3.5.1 中线转道路

（1）实验目的

在已知道路中心线的情况下，通过设置道路参数，生成带有道路边线的道路。

（2）操作步骤

① 打开练习文件 "Chp4\zx_dl.dwg"（图3-33）。

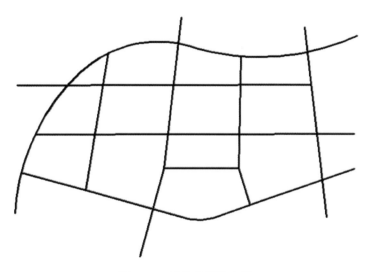

图3-33　转换前道路中线

② 选择【菜单栏】→【道路】→【线转道路】→【中线转道路】。

③ 命令行与操作如下：

该功能的键盘快捷命令：zx

RZX 请选择道路转换基线[端点容差设置(B)/修改线宽(X)]：（选择道路转换基线）

④ 输入道路名称，选择道路版型，选择道路等级，填写各项参数（图3-34）。

图3-34　中线转道路参数设置

⑤ 中线转道路结果如图3-35所示。

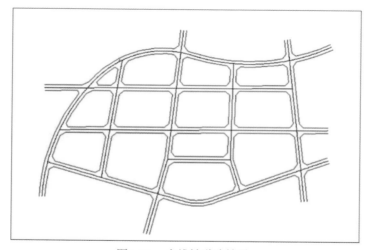

图3-35　中线转道路结果

3.5.2 路网直接绘制

（1）**实验目的**

直接绘制道路、生成回车场及环岛。

（2）**实验步骤**

① 打开练习文件"Chp4\hz_dl.dwg"。

② 选择【菜单栏】→【道路】→【道路绘制】。

③ 输入道路名称，选择道路版型，选择道路等级，填写各项参数（图3-36）。绘制路网并修剪多余路段（图3-37）。

图3-36　设置道路参数

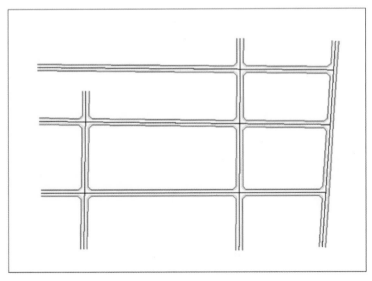

图3-37　绘制路网

④ 选择【菜单栏】→【圆弧路转换】→【L路转圆弧路】，生成圆弧路段（图3-38）。

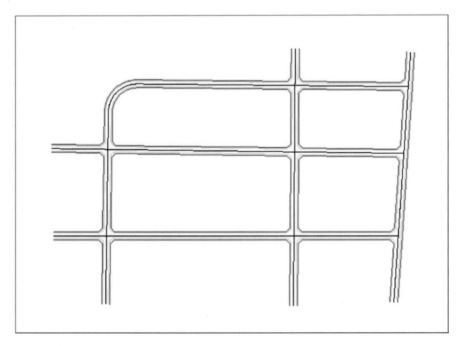

图3-38　生成圆弧路段

图3-39　设置环岛尺寸

⑤ 选择【菜单栏】→【道路】→【回车场环岛】→【环岛生成】，设置环岛尺寸（图3-39），并生成环岛（图3-40）。

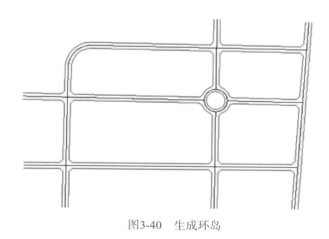

图3-40　生成环岛

⑥ 选择【菜单栏】→【道路】→【回车场环岛】→【道路回车场】，生成道路回车场（图3-41）。

⑦ 选择【菜单栏】→【道路】→【绿化分隔带】→【分隔带生成】，生成道路分隔带（图3-42）。

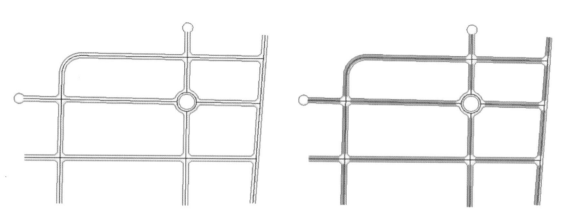

图3-41　生成道路回车场　　　　　　　图3-42　生成道路分隔带

第 **4** 章

地块绘制与分析

本章对地块进行绘制、编辑和指标分析。主要内容包括：地块的生成、地块编辑、用地检查、地块统计，地块信息编辑、各类指标统计表及地块指标的综合分析。

4.1 地块生成

4.1.1 范围设置

（1）单元边界

菜单位置：【用地】→【单元边界】

功能：绘制规划单元边界。

命令行与操作如下：

> 该功能的键盘快捷命令：dy
>
> 选择闭合线[累加搜索(F)/自动搜索(A)/跟踪描绘(D)/BOO搜索(B)]：*取消*

（2）街坊边界

菜单位置：【用地】→【街坊边界】

功能：绘制规划街坊边界。

命令行与操作如下：

> 该功能的键盘快捷命令：jf
>
> 选择闭合线[累加搜索(F)/自动搜索(A)/跟踪描绘(D)/BOO搜索(B)]：

（3）地块界线

菜单位置：【用地】→【地块界线】

功能：生成地块分界线（图4-1）。

①选择道路中线后自动生成道路分界线或补绘道路分界线。

②【平行参照】：选择已有线段，偏移一定距离，生成地块分界线。

【延伸参照】：选择延伸的参照线，自动将参照线的一端延伸到离参照线最近的线上。

【选已有线】：选择已有线段，生成地块分界线。

【逐点描绘】：选择参考点或参考线，跟踪绘制地块分界线。

【自动补绘】：点选地块，补绘地块分界线。

图4-1 地块分界线

4.1.2　地块绘制

菜单位置：【用地】→【地块生成】

功能：通过多种绘制方式生成地块（图4-2）。

① 【编辑】：切换用地标准。
② 设置要生成的地块属性。
③ 生成地块时，对地块进行填充选择。
④ 【BO搜索】：自动识别边界生成地块。
　【累加搜索】：可一次性框选多个范围生成地块。
　【道路用地】：选择道路中心线，生成道路用地地块。
　【河道用地】：选择河道中心线，生成河道用地地块。
　【退让绿地】：选择道路、河道绿线，生成绿用地地块。
　【批量生成】：选择闭合的范围线，批量生成地块。
　【框点搜索】：框选一个范围生成地块。
　【选填充块】：选择已有的填充色块生成地块边界线。
　【选封闭线】：选择封闭线生成地块。
　【逐点描绘】：通过多个点绘制地块边界线，生成地块。
　【选线跟踪】：通过自动选线跟踪生成封闭地块。
⑤ 【合并】：选择主地块，将多个地块合并成主地块。
　【分割】：可将一个地块分割成多个地块。
　【重绘】：选择地块重新绘制生成地块。

图4-2　地块生成

4.1.3　规划控制线

（1）水域控制蓝线

菜单位置：【用地】→【规划控制线】→【水域控制蓝线】

功能：即城市蓝线，划定河湖水体、湿地的边界、保护范围界线。

命令行与操作如下：

选择控制线[绘制控制线(D)]：
指定沿光标方向偏移距离<0.0>：（输入偏移距离）
成功生成1条控制蓝线！

（2）道路设施控制红线

菜单位置：【用地】→【规划控制线】→【道路设施控制红线】

功能：即城市红线，确定城市规划区内依法规划、建设的城市道路两侧边界控制线。

命令行与操作如下：

选择控制线[绘制控制线(D)：
指定沿光标方向偏移距离<0.0>：（输入偏移距离）
成功生成1条控制红线!

（3）绿地范围控制绿线

菜单位置：【用地】→【规划控制线】→【绿地范围控制绿线】

功能：即城市绿线，确定公共绿地、生产绿地、防护绿地、风景区、山林绿地等的用地范围，提出控制要求。

命令行与操作如下：

选择控制线[绘制控制线(D)：
指定沿光标方向偏移距离<0.0>：20
成功生成1条控制绿线!

（4）高压电力控制黑线

菜单位置：【用地】→【规划控制线】→【高压电力控制黑线】

功能：即城市黑线，指划定给排水、电力、电信、燃气施工的市政管网。

命令行与操作如下：

选择控制线[绘制控制线(D)：
指定沿光标方向偏移距离<0.0>：30
成功生成1条控制黑线!

（5）文物控制紫线

菜单位置：【用地】→【规划控制线】→【文物控制紫线】

功能：即城市紫线，总体规划确定的历史文化街区的保护范围和建设控制地带界线，以及历史文化街区外经县级以上人民政府公布保护的历史建筑的保护范围和建设控制地带界线，提出控制要求。

命令行与操作如下：

选择控制线[绘制控制线(D)：
指定沿光标方向偏移距离<0.0>：35
成功生成1条控制紫线！

（6）基础设施控制黄线

菜单位置：【用地】→【规划控制线】→【基础设施控制黄线】

功能：即城市黄线，指对城市发展有全局影响、城市规划中确定的、必须控制的城市基础设施用地的控制界线。

命令行与操作如下：

选择控制线[绘制控制线(D)：
指定沿光标方向偏移距离<0.0>：40
成功生成1条控制黄线！

（7）公益设施控制橙线

菜单位置：【用地】→【规划控制线】→【公益设施控制线】

功能：即城市橙线，确定医疗卫生、体育、文化、居住区教育和社会福利设施等公益性公共设施的用地范围界线，并提出控制要求。

命令行与操作如下：

选择控制线[绘制控制线(D)：
指定沿光标方向偏移距离<0.0>：50
成功生成1条控制橙线！

4.2 地块编辑

4.2.1 地块分割

菜单位置:【用地】→【地块编辑】→【地块分割】

功能:可以将单个地块分割成多个地块,分割后的用地性质继承原有属性,可通过地块信息编辑修改用地性质,操作过程中可直接设置分割地块的用地面积。

4.2.2 地块裁剪

菜单位置:【用地】→【地块编辑】→【地块裁剪】

功能:对地块进行裁剪,去掉不需要的地块部分。

4.2.3 地块合并

菜单位置:【用地】→【地块编辑】→【地块合并】

功能:将相邻的地块进行合并(图4-3)。合并后的地块可以采用主地块属性,也可重新计算各项指标。

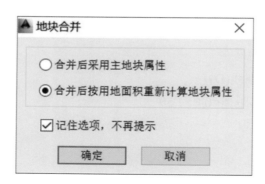

图4-3　地块合并

4.2.4 地块内退

菜单位置:【用地】→【地块编辑】→【地块内退】

功能:对地块整个边界或者单边进行内退。

4.2.5 边线修改

菜单位置：【用地】→【地块编辑】→【边线修改】

功能：按照用地的性质对已有的地块边界进行颜色和线宽的修改（图4-4）。

图4-4 地块边线修改

4.2.6 圆切角处理

菜单位置：【用地】→【地块编辑】→【圆切角处理】

功能：对任意两条线段可以进行圆角或者切角处理，根据提示输入半径或者圆切角的参数值。

4.2.7 重填色块图案

菜单位置：【用地】→【地块编辑】→【重填色块图案】

功能：对所有地块或者某一类地块或图案进行一次性的填充。也可以清除所有地块或者某一类地块的填充（图4-5）。

图4-5 重填色块图案

4.3　地块信息

4.3.1　地块信息编辑

菜单位置：【指标】→【地块信息编辑】

功能：对现有的地块进行性质、比例以及各种指标的设定和规划（图4-6）。将【编辑开关】勾选后进行信息编辑。

图4-6　编辑地块信息

4.3.2　地块编号

菜单位置：【指标】→【地块编号处理】→【地块批量编号】

功能：设定编号规则，依次点选地块进行地块编号（图4-7）。

图4-7　地块批量编号

4.3.3　地块信息标注

菜单位置：【指标】→【地块信息标注】

功能：标注地块的用地性质、面积、容积率等信息（图4-8）。可通过点选【新创建标注块】自行编辑需要的地块信息标注块样式，并可以保存模板以便后期使用。

图4-8　地块信息标注

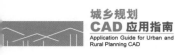

4.4 地块统计

4.4.1 地块信息一览表

菜单位置:【指标】→【常用指标表格】→【地块信息一览表】

功能:绘制地块信息统计表(图4-9),显示地块的编号、面积等指标信息。

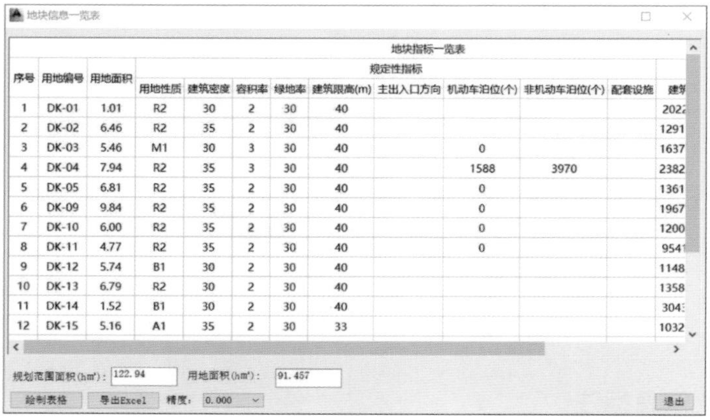

地块指标一览表													
序号	用地编号	用地面积	规定性指标										
			用地性质	建筑密度	容积率	绿地率	建筑限高(m)	主出入口方向	机动车泊位(个)	非机动车泊位(个)	配套设施	建筑…
1	DK-01	1.01	R2	30	2	30	40					202…
2	DK-02	6.46	R2	35	2	30	40					1291
3	DK-03	5.46	M1	30	3	30	40		0			1637
4	DK-04	7.94	R2	35	3	30	40		1588	3970		2382
5	DK-05	6.81	R2	35	2	30	40		0			1361
6	DK-09	9.84	R2	35	2	30	40		0			1967
7	DK-10	6.00	R2	35	2	30	40		0			1200
8	DK-11	4.77	R2	35	2	30	40		0			954…
9	DK-12	5.74	B1	30	2	30	40					1148
10	DK-13	6.79	R2	30	2	30	40					1358
11	DK-14	1.52	B1	30	2	30	40					304…
12	DK-15	5.16	A1	35	2	30	33					1032

图4-9 地块信息一览表

4.4.2 规划用地汇总表

菜单位置:【指标】→【常用指标表格】→【规划用地汇总表】

功能:绘制规划范围内规划用地汇总表(图4-10)。

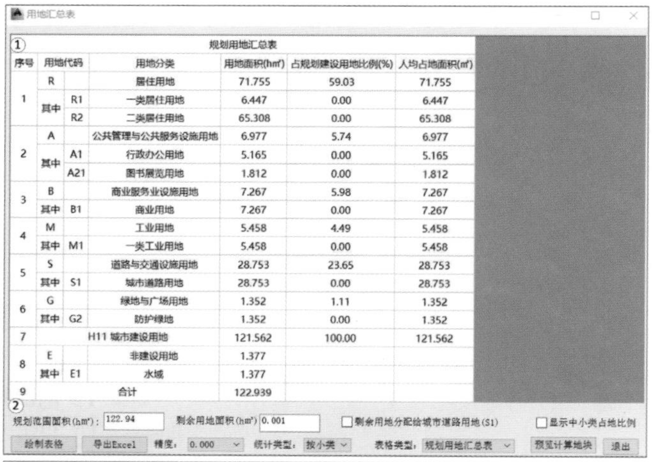

规划用地汇总表						
序号	用地代码		用地分类	用地面积(hm²)	占规划建设用地比例(%)	人均占地面积(m²)
1	R		居住用地	71.755	59.03	71.755
	其中	R1	一类居住用地	6.447	0.00	6.447
		R2	二类居住用地	65.308	0.00	65.308
2	A		公共管理与公共服务设施用地	6.977	5.74	6.977
	其中	A1	行政办公用地	5.165	0.00	5.165
		A21	图书展览用地	1.812	0.00	1.812
3	B		商业服务业设施用地	7.267	5.98	7.267
	其中	B1	商业用地	7.267	0.00	7.267
4	M		工业用地	5.458	4.49	5.458
	其中	M1	一类工业用地	5.458	0.00	5.458
5	S		道路与交通设施用地	28.753	23.65	28.753
	其中	S1	城市道路用地	28.753	0.00	28.753
6	G		绿地与广场用地	1.352	1.11	1.352
	其中	G2	防护绿地	1.352	0.00	1.352
7	H11 城市建设用地			121.562	100.00	121.562
8	E		非建设用地	1.377		
	其中	E1	水域	1.377		
9	合计			122.939		

① 规划用地汇总表。
②【规划范围面积】:规划红线范围内面积大小。
【剩余用地面积】:规划红线范围内没有地块信息的面积大小。
【绘制表格】:软件绘图区插入表格。
【导出excel】:将规划用地汇总表导出Excel文件。
【精度】:选择小数点保留位数。
【统计类型】:可选择【大类】【中类】【小类】划分统计项目。
【表格类型:】:可选择【规划用地汇总】【现状用地汇总】【规划现状用地汇总表】。
【预览计算地块】:预览参与计算的地块。
【剩余用地分配给城市道路用地】:范围红线内没有地块信息面积,自动分配给城市道路用地。
【显示中小类占地比例】:勾选后在表格中可以显示该项目信息。

图4-10 规划用地汇总表

4.5　地块分析

4.5.1　地块平衡分析

菜单位置：【分析成图】→【地块平衡分析】

功能：对地块进行平衡分析，确定各类用地的合宜面积分配与比例关系（图4-11）。

① 【规划范围面积】：规划红线范围内面积大小。

　【指定规划范围】：重新选定规划范围红线。

　【统计类型】：可选择【大类】、【全部】。

　【预览计算地块】：预览参与计算的地块。

② 【类别】：显示用地性质。

　【面积】：显示该用地性质分类在规划范围红线内所占面积。

　【比例】：显示该用地性质分类在规划范围红线内所占面积比。

　【合理比例】：比例的参考值。

图4-11　地块平衡分析

4.5.2　地块信息分析

菜单位置：【分析成图】→【地块信息分析】

功能：对用地范围内的总建筑面积、总建筑占地面积、建筑对应地块净面积、总绿化面积、绿化对应地块净面积等指标进行统计；对容积率、绿地率、建筑密度三大指标的最大值、最小值、平均值、净值等进行统计（图4-12）。

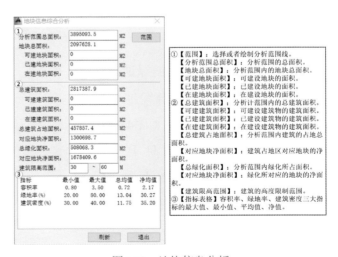

① 【范围】：选择或者绘制分析范围线。

　【分析范围总面积】：分析范围的总面积。

　【地块总面积】：分析范围内的地块总面积。

　【可建地块面积】：可建地块的面积。

　【已建地块面积】：已建地块的面积。

　【在建地块面积】：在建地块的面积。

② 【总建筑面积】：分析计范围内的总建筑面积。

　【可建建筑面积】：分析建设建筑物的建筑面积。

　【已建建筑面积】：已建设建筑物的建筑面积。

　【在建建筑面积】：在建设建筑物的建筑面积。

　【总建筑占地面积】：分析范围内建筑的占地总面积。

　【对应地块净面积】：建筑占地区对应地块的净面积。

　【总绿化面积】：分析范围内绿化所占面积。

　【对应地块净面积】：绿化所对应的地块的净面积。

　【建筑限高范围】：建筑的高度限制范围。

③ 【指标表格】：容积率、绿地率、建筑密度三大指标的最大值、最小值、平均值、净值。

图4-12　地块信息分析

4.5.3 地块指标检测

（1）容积率检测

菜单位置:【检测】→【容积率检测】

功能:检测图内地块的容积率是否符合标准,列出不符合容积率标准的地块,并给出标准值(图4-13)。控制容积率可以在【安装文件夹】→【Standards】→【参数配置】中"用地信息合理值"文件进行设置(图4-14)。

图4-13　容积率检测

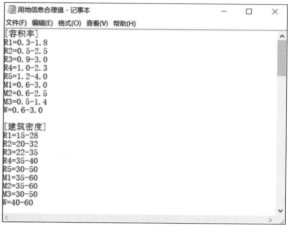

图4-14　用地信息合理值

（2）绿地率检测

菜单位置:【检测】→【绿地率检测】

功能:检测图内地块的绿地率是否符合标准,列出不符合绿地率标准的地块,并给出标准值(图4-15)。控制值可以在【安装文件夹】→【Standards】→【参数配置】中"用地信息合理值"文件进行设置。

图4-15　绿地率检测

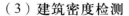

（3）**建筑密度检测**

菜单位置：【检测】→【建筑密度检测】

功能：检测图内地块的建筑密度是否符合标准，列出不符合建筑密度标准的地块，并给出标准值（图4-16）。控制密度可以在【安装文件夹】→【Standards】→【参数配置】中"用地信息合理值"文件进行设置。

图4-16　建筑密度检测

（4）**建筑面积检测**

菜单位置：【检测】→【建筑面积检测】

功能：将实际建筑面积和输入建筑面积对比（图4-17）。

图4-17　建筑面积检测

4.5.4 地块指标显示

（1）地块指标三维显示

菜单位置：【分析成图】→【地块指标三维显示】

功能：通过不同的指标项区分来生成三维视图（图4-18），通过【分析成图】→【三维视图显示】切换视图后查看（图4-19）。

图4-18 地块指标三维分析

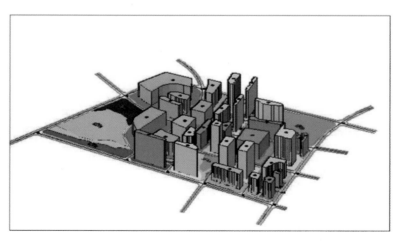

图4-19 地块指标三维显示

（2）地块指标填色显示

菜单位置:【分析成图】→【地块指标填色显示】

功能:根据不同的分析类别，以不同的颜色表示地块指标数值（图4-20）。

图4-20　地块指标填色分析

4.6　实例与练习

4.6.1　地块信息的设定与规划

（1）实验目的

对现有的地块进行指标的设定和规划。

（2）操作步骤

① 打开练习文件"Chp5\dkxx.dwg"。

② 选择【指标】→【编辑地块信息】，如图4-21所示。

图4-21　地块信息设置

　　③打开【系统】→【动态信息设置】，勾选"悬停显示动态信息"，光标移至地块则悬停显示编辑的地块信息（图4-22）。

图4-22　地块信息悬停显示

4.6.2　绘制单元规划用地构成表

（1）实验目的

绘制单元规划用地构成表。

（2）操作步骤

① 打开练习文件"Chp5\dk_xxfx.dwg"。

② 选择【指标】→【其他指标表格】→【单元规划用地构成表】。

③ 命令行与操作如下：

④ 选定范围以内地块的用地代码、规划面积等在表格中显示出来，结果如图4-23所示，也可通过【绘制表格】将表插入图形文件中（图4-24）。

图4-23　规划用地构成表

控规编制单元规划用地构成表				
序号	用地代码		类别名称	规划面积（万㎡）	比例（%）
1	R		居住用地	33.490	16.84
	其中	R21	二类居住用地	7.809	3.93
		R22	居住区公共服务设施用地	6.977	3.51
		R24	居住区绿地	0.000	0.00
2	C		公共设施用地	0.000	0.00
	其中	C21	商业用地	0.000	0.00
		C26	市场用地	0.000	0.00
		C36	娱乐休闲用地	0.000	0.00
		C62	中等专业学校用地	0.000	0.00
		C7	文物古迹用地	0.000	0.00
		C/R	居住/商业混合用地	0.000	0.00
3	U		市政公用设施用地	1.075	0.54
	其中	U11	供水用地	0.000	0.00
		U12	供电用地	0.000	0.00
		U21	公共交通用地	0.000	0.00
		U41	雨水污水处理用地	0.000	0.00
		U42	粪便垃圾处理用地	0.000	0.00
		U9	其他市政公用设施用地	1.075	0.54
4	G		绿地	40.500	20.37
	其中	G11	公园	0.000	0.00
		G12	街头绿地	0.000	0.00
		G22	防护绿地	0.000	0.00
5	S		道路广场用地	28.252	14.21
	其中	S1	道路用地	0.000	0.00
		S31	机动车停车场库用地	0.000	0.00
6	M		工业用地	43.049	21.65
	其中	M1	一类工业用地	43.049	21.65
		M2	二类工业用地	0.000	0.00
7			规划可建设用地	198.822	100.0
8	E		水域和其他用地	10.941	
	其中	E1	水域	10.941	
9			合计	209.763	

图4-24 规划用地构成表绘制表格

（3）说明

①选择"绘制表格"可将本表插入图形文件中，选择"导出Excel"可将本表以Excel文件的形式导出至指定位置。

②"圆弧(A)"工具用来绘制圆弧状的规划边界；

"选边(B)"用以选择已绘制的边线作为规划范围线；

"参照点(R)"用来选择某点作为绘制下一条边线的参照；

"参照线(P)"用来选择某条线作为绘制下一条边线的参照；

"搜索容差(S)"改变该值以将图面过密的线条视为一条（比如改变该值为100，则会将绘制范围周边100范围内的所有线段视为一条）；

"闭合(C)"用来直接闭合范围线；

"交点闭合(X)"用来以相交点为终点闭合范围线。

第5章

设施绘制与分析

本章主要内容为配套设施符号相关功能，包括设施的设置、设施属性的编辑、设置规模的计算等。

5.1 设施生成

5.1.1 设施管理

菜单位置:【设施】→【设施管理】

功能:管理配套设施符号库,可进行设施符号模板添加、删除(图5-1)。点击【设施管理】后,程序自动打开当前所选标准的设施符号库,可打开相应设施符号分类DWG文件。在设施符号分类DWG文件中,新建或修改相应设施符号图形块。

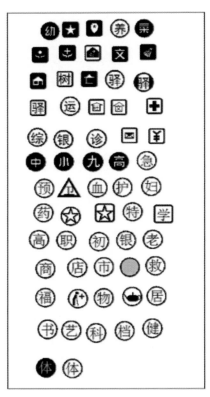

图5-1 设施管理

5.1.2 属性设置

菜单位置:【设施】→【属性设置】

功能:编辑定义配套设施的属性。点击【属性设置】后,程序自动打开当前所选标准的设施属性目录。

5.1.3　设施插入

菜单位置：【设施】→【设施插入】

功能：打开配套设施图库，在图纸中插入配套设施（图5-2）。

图5-2　设施插入

5.1.4　设施复制

菜单位置：【设施】→【设施复制】

功能：单选某个已插入设施，连续复制到其他地块，程序自动更新符号块内信息和地块内部相关信息，保证数据的准确性。

5.2 设施编辑

5.2.1 设施删除

菜单位置:【设施】→【设施删除】

功能:点选或框选删除设施,更新地块及配套设施相关信息。

5.2.2 设施属性刷新

菜单位置:【设施】→【设施属性刷新】

功能:刷新配套设施内部信息。

5.2.3 设施替换

菜单位置:【设施】→【设施替换】

功能:可将不同设施进行替换(图5-3)。

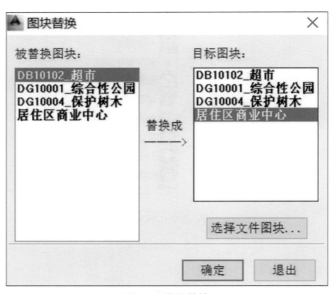

图5-3 设施替换

5.2.4 设施更新

菜单位置:【设施】→【设施更新】

功能：更新配套设施内部信息。

说明：配套设施属性中，有一些属性与地块相关联，这些信息需要从地块中读入。CAD自带的命令对设施符号进行删除、移动等操作时，设施符号的属性不会自动更新，采用设施更新命令可将对应属性信息刷新。

5.3　设施统计

5.3.1　设施信息

菜单位置：【设施】→【设施信息】

功能：编辑设施扩展信息属性（图5-4）。选择该命令，再选择设施符号，会出现对应的设施属性表。可在属性表编辑界面对属性进行编辑、保存。

5.3.2　设施到地块

菜单位置：【设施】→【设施到地块】

功能：更新地块中配套设施字段的属性值。

说明：【设施到地块】功能与【设施更新】相反，更新的是地块中配套设施的相关属性。可以解决地块中有设施符号但是地块内部无设施信息、地块中已经删除设施符号但地块内部仍有设施信息这两类问题。

命令行与操作如下：

图5-4　设施信息

命令：

选择地块[全图(ALL)]：all 找到 ***个

5.3.3　设施规模

菜单位置：【设施】→【设施规模】

功能：根据设施千人指标计算设施服务规模与所需的设施规模（图5-5）。

①【选设施】：选择需要计算的设施符号块。
②【千人指标】：程序自动读取设施符号块对应的千人指标。千人指标可在"设施"中的"属性设置"中修改。
③【服务范围】：可选择选地块、范围线、服务半径三种方式确定服务范围。
④【服务规模】：根据服务范围，计算需要服务的地块总面积、总人口、总建筑面积。
⑤【设施规模】：根据千人指标、服务规模的值进行计算，计算规则为设施规模=（服务规模÷1000）×千人指标。

图5-5　设施规模

5.4　实例与练习

5.4.1　更改幼儿园设施属性

（1）实验目的

插入幼儿园设施符号，更改幼儿园占地面积。

（2）操作步骤

①打开练习文件"Chp6\ss.dwg"。

②选择【菜单栏】→【设施】→【设施插入】，插入幼儿园设施符号（图5-6）。

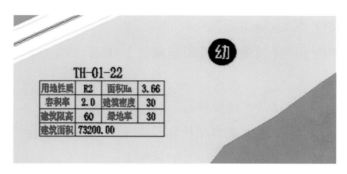

图5-6 插入幼儿园设施

③选择【菜单栏】→【设施】→【设施信息】，启动【属性管理】对话框，选择刚才插入的幼儿园设施符号，将占地面积改为1.5公顷，结果如图5-7所示。

图5-7 幼儿园设施属性管理

5.4.2 计算设施规模及服务半径

（1）实验目的

计算已有幼儿园的设施规模。

（2）操作步骤

①打开练习文件"Chp6\ss.dwg"。

②选择【菜单栏】→【设施】→【设施规模】，选择设施"幼儿园"，自动生成千人指标。

③在"服务范围"中选择"选地块"，点击幼儿园所在地块。

④根据所选的服务范围，系统自动计算服务规模，设施规模由千人指标与服务规模的值进行计算，计算规则为设施规模=（服务规模÷1000）×千人指标，结果如图5-8所示。

图5-8 幼儿园设施规模

第 6 章

建筑绘制与分析

本章主要功能是绘制、转换现状建筑图，包括绘制地上地下建筑、塔楼、地下室等总平面建筑物以及构筑物，根据图中文字标注识别建筑属性，并可以根据不同的属性进行分类统计。

6.1 建筑生成

6.1.1 建筑轮廓

菜单位置：【总平】→【建筑轮廓】

功能：绘制/转换地上、地下建筑。绘制建筑的时候，可以设置建筑性质、建筑状态、建筑高度等属性（图6-1）。

图6-1 建筑生成

6.1.2 构筑物轮廓

菜单位置：【总平】→【构筑物轮廓】

功能：绘制构筑物，录入构筑物基本信息（图6-2）。

图6-2　构筑物生成

6.1.3　建筑单体图库

菜单位置:【总平】→【建筑单体图库】

功能: 提供不同建筑单体的插入块（图6-3）。

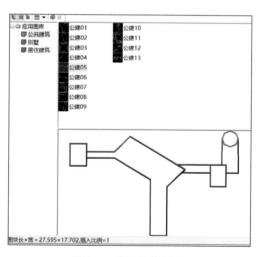

图6-3　建筑单体图库

6.1.4 建筑拆除

菜单位置:【总平】→【建筑拆除】

功能:填写拆除原因,选择建筑之后,可以将选中的建筑状态修改为拆除,拆除的建筑不再识别其建筑物属性(图6-4)。

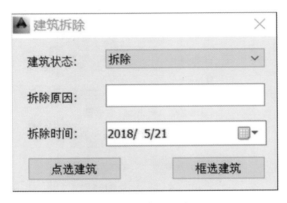

图6-4 建筑拆除

6.1.5 建筑阴影

菜单位置:【总平】→【建筑阴影】

功能:设置阴影填充选项(图6-5)及建筑物阴影设置(图6-6),绘制出不同条件下的建筑阴影效果图样(图6-7)。

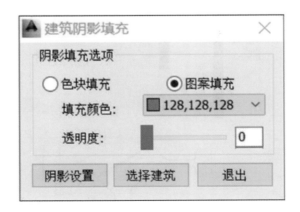

图6-5 建筑阴影填充

图6-6　建筑物阴影设置

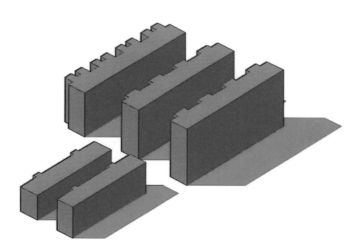

图6-7　建筑阴影效果图

6.2 建筑信息

6.2.1 单个建筑属性

菜单位置:【总平】→【单个建筑属性】

功能:录入详细的建筑属性,包括基本信息建筑名称、建筑性质,形体信息、建筑层高、女儿墙高度等,附加信息建筑年代、房屋分类、住宅户数、人口数、车位数等,同时自动统计出的面积信息,为后续的建筑统计提供依据(图6-8)。

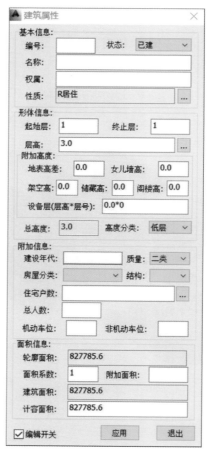

图6-8 单个建筑属性

说明:建筑面积=轮廓面积×层数×系数+附加面积。

6.2.2　批量建筑属性

菜单位置：【总平】→【批量建筑属性】

功能：对建筑批量赋予某一项属性或者查看拥有某一项属性的建筑（图6-9）。

图6-9　批量建筑属性

6.2.3　识别建筑属性

菜单位置：【总平】→【识别建筑属性】

功能：将建筑轮廓内的文字转为对应建筑属性值（图6-10）。

①【属性项】：样本文字对应的属性项，包括层数、结构形式、结构层数和层数三个选择。
②【选样本文字】：选择文字作为样本，信息显示于特征中。
③【批量识别】：批量将文字转为对应建筑属性。
　【单选识别】：将单个文字转为对应建筑属性值。
注：如果正确识别，原有属性值文字颜色统一改为指定的颜色；如果不能正确识别文字，保持原有文字颜色。

图6-10　识别建筑属性

6.2.4 构筑物属性

菜单位置:【总平】→【构筑物属性】

功能:对构筑物录入详细的信息（图6-11）。包括构筑物名称、建筑状态、层数、占地面积等信息。

图6-11 构筑物属性设置

6.2.5 属性参数设置

菜单位置:【总平】→【属性参数设置】

功能:自主调整设置各项属性参数的名称、默认值、下拉菜单选项等要素，修改后"建筑属性"对话框产生相应的变化（图6-12）。

图6-12 建筑参数表

6.2.6　信息标注

（1）主要属性标注

菜单位置：【总平】→【主要属性标注】

功能：用属性块小表格标注出建筑的主要属性，并随所标注建筑属性的变化联动变化（图6-13）。

图6-13　建筑主要属性标注

（2）所有属性标注

菜单位置：【总平】→【所有属性标注】

功能：用文字标注出建筑的所有属性，并随所标注建筑属性的变化联动变化（图6-14）。

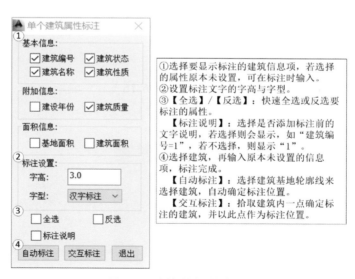

图6-14　建筑所有属性标注

6.3 建筑统计

6.3.1 建筑分类统计

菜单位置：【总平】→【建筑分类统计】

功能：根据不同的属性对建筑进行分类统计，通过范围线计算容积率、建筑密度（图6-15）。

图6-15 建筑分类统计

6.3.2 建筑性质统计

菜单位置：【总平】→【建筑性质统计】

功能：统计并绘制建筑性质分类统计表（图6-16）。

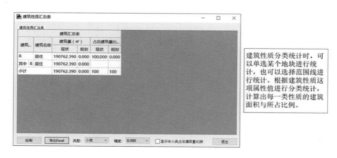

图6-16 建筑性质统计

6.4　建筑分析

6.4.1　试排容积率

菜单位置：【总平】→【试排容积率】

功能：通过调整被统计地块内建筑的层高、建筑数目来达到实际容积率与地块内容积率相符的目的（图6-17）。

图6-17　试排容积率

6.4.2　建筑三维效果

菜单位置：【总平】→【建筑三维效果】

功能：展示建筑的三维效果图（图6-18），可以布置窗户（图6-19）、阳台（图6-20）、遮阳板（图6-21）等构件。

图6-18　建筑三维效果

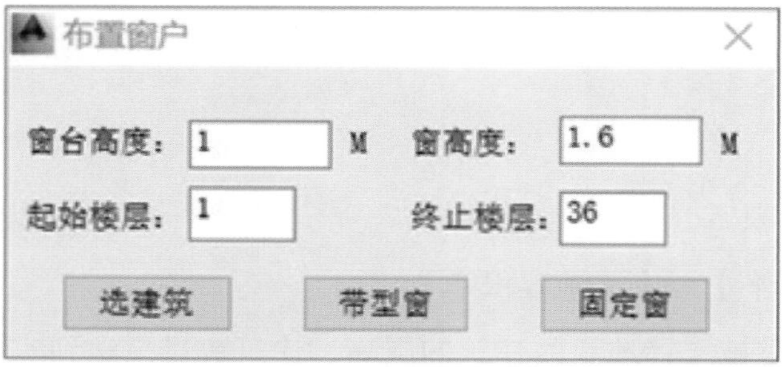

【窗台高度】：窗台离层分割线高度，一层为窗台离地面高度。
【带型窗】：类似异型窗，通过确定窗户起点、终点来绘制窗户，可绘制转角窗户。
【固定窗】：固定宽度的窗户，可以设定窗户之间的间距，在同一建筑上横向布置多个窗户。

图6-19　布置窗户

【阳台设置】：设置阳台高度相关基本参数。
【阳台栏板高】：阳台栏板高度。
【下挂梁高度】：阳台下挂梁的梁高。
【与楼层高差】：阳台底面（不计下挂梁）与楼层分割线的高差，负值代表低于楼层分割线。
【指定层】：可以指定某些特定层，楼层之间用逗号分开（英文逗号），连续区段层中间用横杠连接，比如3到10层用3-10。
【阳台面积系数】：根据各地不同标准，设定不同系数，主要用于统计阳台计容面积时用到的系数，例如阳台面积10㎡，系数为0.5，则阳台计容面积为5㎡。
【矩形阳台】：根据阳台宽度、阳台起终点绘制普通矩形阳台。
【阳台宽度】：阳台挑出建筑面的宽度。
【任意阳台】：绘制任意形状阳台，根据用户自主要求进行绘制的异性阳台。
【选择转换】：选择图中已有的其他软件绘制的阳台转换为软件可识别的阳台。

图6-20　布置阳台

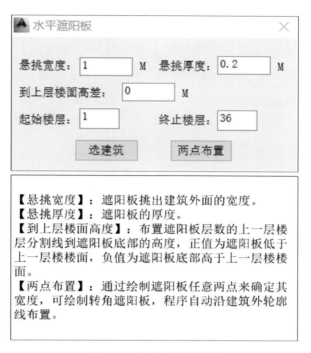

图6-21　布置水平遮阳板

6.4.3　建筑日照分析

（1）地理位置设置

菜单位置:【总平】→【建筑日照分析】→【地理位置设置】

功能:设置日照分析的地点。选择所在城市后，根据城市的地理位置程序自动计算出经度、纬度信息（图6-22）。

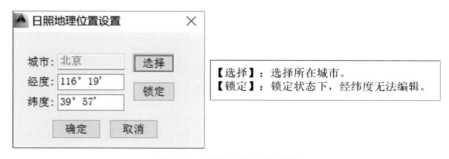

图6-22　日照地理位置设置

（2）日照系统设置

菜单位置：【总平】→【建筑日照分析】→【日照系统设置】

功能：对日照系统参数进行设置，包括图面标注文字高度、图形单位和正北方向、日照时间等，界面如图6-23所示。

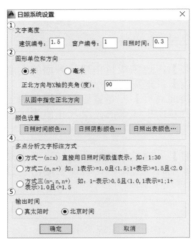

①【文字高度】：设置建筑编号、窗户编号、日照时间的文字高度。
②【图形单位和方向】：选择显示图形的单位，可设置单位为米，打开设计图时系统会自动判断图形的绘图单位，将单位设置成相应的绘图单位，使软件与设计图纸的单位保持一致。图纸的正北方向可以在图中指定或精确输入，用指北针表示，如果图纸中没有定义北方向，默认y的正方向为北方向。北方向的角度值为北方向与图纸x方向的夹角。
③【颜色设置】：设置日照分析时不同日照时长的颜色，不同时刻投影线颜色以及出表颜色设置。
④【多点分析文字标注方式】：选择用户在进行沿线分析和区域分析时日照时间标注方式。系统提供了三种方式，用户可以针对不同要求选择不同标注方式，一般建议采用第三种方式。
⑤【输出时间】：设置日照分析结果中的时间显示模式，分为"真太阳时"和"北京时"。设置的只是分析过程中的输入时间和分析结果中的显示时间模式，与分析计算的时间模式无关。

图6-23　日照系统设置

（3）日照标准设置

菜单位置：【总平】→【建筑日照分析】→【日照标准设置】

功能：增加、修改、删除、设置日照分析标准（图6-24）。

（4）日照圆锥

菜单位置：【总平】→【建筑日照分析】→【日照圆锥】

功能：太阳光线对指定分析点全天运行的圆锥轨迹，能集中

①【标准名称】：选择日照标准，新建、重命名、删除日照标准。
②【日照时间统计方式】：只统计最长的一段（连续日照时间）、只统计最长的二段、只统计最长的三段、统计指定段数。当统计大于一段时，可以设置"至少有一段大于等于多少分钟"，如果日照时段超过设置需要统计的时段数目，程序自动从最长时间开始取值。
③【时间设置】设置日照分析标准的节气、日期、开始时间、结束时间以及软件主界面显示的时间模式。

图6-24　日照标准设置

反映出该点的日照情况，快速判定遮挡源，便于日照方案调整（图6-25）。

①日照圆锥面上，品红色线区城为遮挡区域，黄色线区域为阳光通道区城，可直观的观察日照和遮挡的时刻和时间段。
②如果你在对话框设置的时间间隔是5分钟，每条分析线间时间间隔为5分钟。
③在日照圆锥面，遮挡区域的品红色线与遮挡建筑轮扇线相交，程序自动计算出遮挡建筑需要降低的高度且标注在相交点的正上方。
④光标停靠在光线上可以显示时刻与高度角参数，停靠在光线与建筑交点上，可以显示建筑与光线的高度与差值。

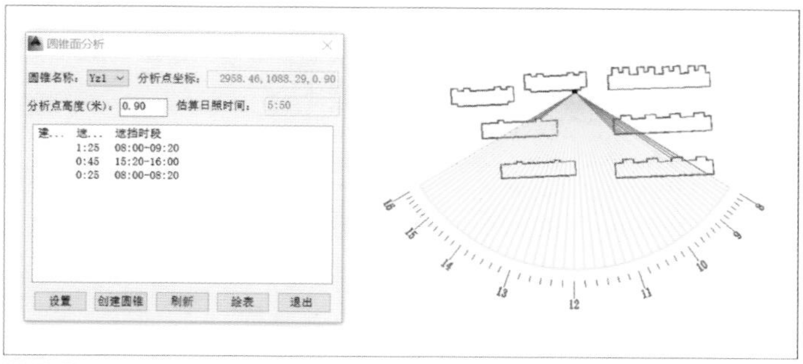

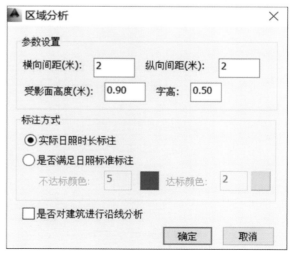

图6-25　日照圆锥面分析

首先对规划方案进行日照分析，如区域多点分析、等时线分析等，找出不满足日照的最不利点，然后生成该点的日照圆锥面。其中品红线区域为遮挡区域，黄色线区域为阳光通道区域，可直观地观察日照和遮挡的时刻和时间段。

在拉悬浮的圆锥扇面确定半径时，圆锥面半径大小必须满足把所有参与分析的相关建筑物都被包括在圆锥面半径内，生成好圆锥面后，软件自动给出指定分析点的估算日照时间，并且在对话框中显示出遮挡建筑、遮挡时段和遮挡时长。

（5）区域分析

菜单位置：【总平】→【建筑日照分析】→【区域分析】

功能：对某一个平面任意区域进行日照分析计算（图6-26），并按给定的网格采样间距将计算结果用数值直观的显示在图上，同时沿建筑轮廓线自动标注日照时间（图6-27）。

图6-26　区域分析

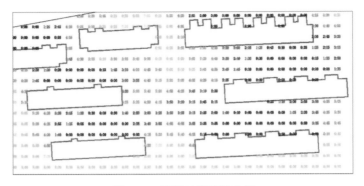

图6-27   日照时长区域分析

（6）等时线分析

菜单位置：【总平】→【建筑日照分析】→【等时线分析】

功能：用户选定的区域范围内在平面上绘制出日照时间相等的连线（图6-28），结果如图6-29所示。

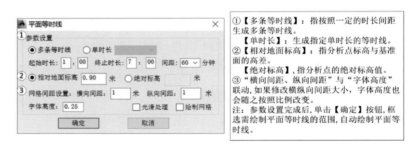

图6-28   平面等时线

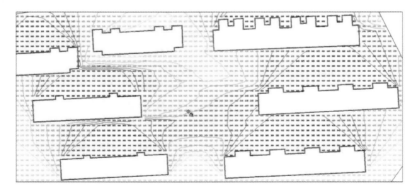

图6-29   日照等时线分析

6.5　实例与练习

6.5.1　绘制与转换地上（地下）建筑

（1）实验目的

绘制或者转换地上（地下）建筑。绘制过程中，选择建筑性质、建筑状态，设定建筑高度。

（2）操作步骤

① 打开练习文件"Chp7\jz.dwg"。

② 选择【菜单栏】→【总平】→【建筑轮廓】，录入建筑属性，BO搜索点取建筑内一点选取目标建筑（图6-30）。

图6-30　建筑生成参数设置

③结果如图6-31所示。

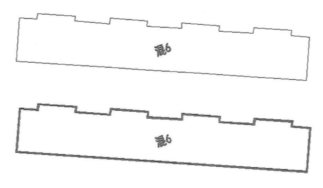

图6-31　建筑生成结果对比

（3）说明

建筑生成前依次选择建筑性质（地上建筑/地下建筑）、建筑状态（规划/在建/已建/拆除），设置建筑起始层、建筑终止层、建筑层高。建筑生成后建筑高度、轮廓面积、建筑面积将自动生成。

6.5.2　建筑属性设置

（1）实验目的

录入详细的建筑属性，包括基本信息、形体信息、附加信息等，并自动计算面积信息，为后续的建筑统计提供依据。

（2）操作步骤

①打开练习文件"Chp7\jz.dwg"。

②选择【菜单栏】→【总平】→【单个建筑属性】，依次输入建筑信息，并自动计算面积信息。

③结果如图6-32所示。

（3）说明

建筑面积＝轮廓面积 × 层数 × 系数＋附加面积。

图6-32　建筑属性设置

第7章

竖向绘制与分析

本章主要内容包括道路场地的标高标注和坡度标注、道路的横断面和纵断面绘制、设计数据的输入等功能。

7.1.1 道路标高

（1）道路单点标高

菜单位置：【竖向】→【道路单点标高】

功能：标注道路中心线上任意点的标高，根据设计地形或者两端标高给出默认值。

命令行与操作如下：

> 该功能的键盘快捷命令：bg
>
> 道路标注点[定位参照点(R)/设置标注参数(S)]：
>
> 该点自然标高：***，设计标高：***（根据设计地形或两端标高给出默认值）
>
> 该点设计标高[由坡度计算(A)]<***>：
>
> 输入该点自然标高<***>：

（2）道路批量标高

菜单位置：【竖向】→【道路批量标高】

功能：标注道路两端的标高，也可在已有地形图上自动标注。

命令行与操作如下：

> 该功能的键盘快捷命令：pbg
>
> 选择道路中心线[设置标注参数(S)]：找到 1 个
>
> 选择道路中心线[设置标注参数(S)]：找到 1 个，总计 * 个
>
> 选择道路中心线[设置标注参数(S)]：
>
> 选择设计标高来源[自然地表面(Z)/设计地表面(S)]<Z>（选择设计标高来源）
>
> 输入与自然地表面高差<0.0>：***（输入与自然标高差）
>
> 是否忽略已标注标高[是(Y)/否(N)]<Y>
>
> 该点自然标高：***，设计标高：***（根据设计地形或两端标高给出默认值，并根据设定规则进行道路端点批量标高）
>
> 该点自然标高：***，设计标高：***

（3）道路沿线标高

菜单位置：【竖向】→【道路沿线标高】

功能：选择多条相连的道路中心线，可以根据控制点的标高和坡度一次性标注多条道路的标高，也可以直接输入设计标高值。

【固定端点】通过输入起始控制点的设计标高与最末控制点的设计标高计算道路各个端点的标高并标注，【固定坡度】通过输入起始点的设计标高以及坡度的大小计算道路各个端点的标高并标注，【逐点输入】输入每一点的设计标高并标注。

命令行与操作如下：

> 该功能的键盘快捷命令：ybg
>
> 依次选择中心线：找到 1 个
>
> 依次选择中心线：找到 1 个，总计 2 个
>
> 依次选择中心线：找到 1 个，总计 * 个
>
> 依次选择中心线：
>
> 标注方式[固定端点(E)/固定坡度(A)/逐点输入(Z)/设置标注参数(S)]<E>：
>
> 选择起始控制点：
>
> 该点设计标高[由坡度计算(A)]<7.48>：（根据设计地形或两端标高给出默认值）
>
> 输入该点自然标高<7.48>：***
>
> 该点设计标高[由坡度计算(A)]<8.64>：
>
> 输入该点自然标高<8.64>：***
>
> 该点自然标高：***，设计标高：***（自动标注沿线道路端点标高）
>
> 该点自然标高：***，设计标高：***

（4）道路坡度标注

菜单位置：【竖向】→【道路坡度标注】

功能：标注已有标高道路的坡度、长度。只有对已有道路进行标高标注后，程序才能自动推算出其坡度和长度。当道路标高调整、修改后，程序自动对该段道路的坡度进行重新计算。

7.1.2　场地标高

（1）场地标高标注

菜单位置：【竖向】→【场地标高】→【场地标高标注】

功能：标注场地内的任意一点的标高，若在有设计标高的前提下，程序会自动计

算出该点的场地标高，同时如果需要修改标高值，可以直接输入该点标高的数值。

【设置标注精度】确定标高的精确到的小数位，【图块比例】调整图形相对于文字大小的比例，【文字高度】调整文字的高度大小，【文字位置】调整文字相对于标高点的位置，【标注样式】设置标注样式。

命令行与操作如下：

> 该功能的键盘快捷命令：cd
>
> 标注位置[设置标注精度(A)/图块比例(B)/文字高度(H)/文字位置(F)/标注样式(S)]：(点选要标注的场地标高处)
>
> 标注点位置(629.126,897.299)，设计标高为***
>
> 输入标高值<18.94>：↵（根据设计地形给出默认值，或者自行输入）

（2）点坡度标高标注

菜单位置：【竖向】→【场地标高】→【点坡度标高标注】

功能：根据已知一点的标高和坡度大小，程序自动计算出另外一点的标高并且标注出来，也可以直接输入该点的标高数值。

命令行与操作如下：

> 选择参照点：
>
> 参照点设计标高<7.94>：(根据设计地形给出默认值，或者自行输入)
>
> 要定义的标高点位置[设置标注精度(A)/图块比例(B)/文字高度(H)/文字位置(F)/标注样式(S)]：(点选要定义标高的位置)
>
> 参照点到当前点坡度，下坡为正(%)<0.50>：↵
>
> 确认该点设计标高值<7.77>：↵

（3）场地坡度标注

菜单位置：【竖向】→【场地标高】→【场地坡度标注】

功能：标注场地的坡度（图7-1）。

【控制点标注】给定二个或三个点的场地标高进行标注，给定两个点的时候，程序标注的坡度方向为两点的直线坡度，给定三个点的时候，程序会根据再给定的标注方向计算得到坡度值并标注。【直接输入标注】直接在选定的地方给定标注方向以及标注的坡度值。【参数设置】可以设置坡度的单位、坡度标注的精度以及坡度标注的文字高度。

【坡度单位】：更改坡度的单位为百分比或千分比。
【标注精度】：更改标注的精确程度。
【文字高度】：调整文字的高度大小。

图7-1　场地坡度标注参数设置

命令行与操作如下：

该功能的键盘快捷命令：cdp
确定标注方式[控制点标注(D)/直接输入标注(Z)/参数设置(S)]<D>：↵
指定控制点1：
标注点位置(645.841,1501.267)，设计标高为***（自动读取控制点设计标高）
确认标高值<***>：
指定控制点2：
标注点位置(614.866,1475.962)，设计标高为***
确认标高值<***>：
指定控制点3<忽略该点>：（忽略该点时，标注的坡度方向为两点的直线坡度）
确定标注位置：（点选要标注的位置）
确定标注方向<最大坡度方向>：（点选要标注的方向）
确定坡度值<0.78>：↵（自动计算坡度值）

7.1.3　建筑标高

菜单位置：【竖向】→【建筑标高】

功能：根据自然地形数据或设计地形数据，自动计算设置建筑散水标高（图7-2）。

①【选择参照对象】：设计地表面（指工程竣工后室外场地经垫起或下挖后的地坪表面）；自然地表面（指房屋建造前的地面标高）

②【高出地表面】：参照所选择的地表面输入高出地表面的高度

③【计算方式】
　　指定主入口：参照主入口位置的标高
　　角点平均标高：参照建筑角点的平均标高
　　角点最低标高：参照建筑角点的最低标高
　　边中心点平均标高：参照建筑边中心点的平均标高
　　边中心点最低标高：参照建筑边中心点的最低标高

④【选建筑】选择要进行标高的建筑

图7-2　建筑标高计算

7.1.4　道路断面

菜单位置：【竖向】→【道路横断面】/【道路纵断面】

功能：在确定道路设计标高和坡度后，结合自然地形绘制指定位置的道路横断面（图7-3）、纵断面（图7-4）。

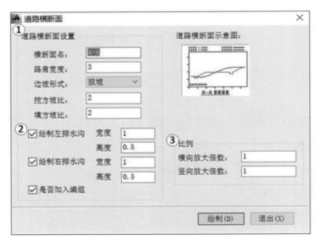

①【断面名】：道路横向剖切断面名称。
　【路肩宽度】：调整路肩的宽度大小。
　【边坡形式】：选择放坡、挡墙边坡形式。
　【挖/填方坡比】：更改挖/填方坡比大小。
②【绘制左右排水沟】：是否绘制排水沟以及调整其大小。
③【横向放大倍数】：绘制出的道路横断面在横向放大的倍数。
　【纵向放大倍数】：绘制出的道路横断面在纵向放大的倍数。

图7-3　道路横断面

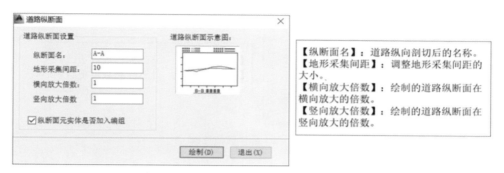

图7-4 道路纵断面

7.1.5 标注样式修改

菜单位置:【竖向】→【标注样式修改】

功能:对已标注或将要标注的道路标高进行标高样式与参数的修改。标高样式与参数修改后,系统会自动刷新道路标高的样式与参数(图7-5)。

图7-5 标注样式修改

7.1.6 标注数值修改

菜单位置:【竖向】→【标注数值修改】

功能:更改设计/自然标高数值(图7-6)。

| 【设计标高】：设计标高数值更改。 |
| 【自然标高】：自然标高数值更改。 |

图7-6　标注数值修改

7.2　竖向分析

7.2.1　道路坡度检测

菜单位置：【分析成图】→【道路坡度检测】

功能：列出检查坡度范围内的道路，检测图内地块的道路坡度是否符合标准（图7-7）。

图7-7　道路坡度检测

7.2.2　道路汇水口检测

菜单位置：【分析成图】→【道路坡度检测】→【道路汇水口检测】

功能：列出道路汇水口信息，检测图内地块的道路汇水口是否符合标准（图7-8）。

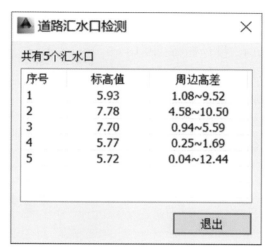

图7-8 道路汇水口检测

7.3 实例与练习

7.3.1 道路端点竖向标高

（1）实验目的

标注道路两端的标高，也可在已有地形图上自动标注。

（2）操作步骤

① 打开练习文件"Chp8\sx.dwg"。

② 选择【菜单栏】→【竖向】→【道路批量标高】。

③ 命令行与操作如下：

该功能的键盘快捷命令：pbg

选择道路中心线[设置标注参数(S)]：找到 1 个

选择道路中心线[设置标注参数(S)]：找到 1 个，总计 2 个

选择道路中心线[设置标注参数(S)]：找到 1 个，总计 3 个

选择道路中心线[设置标注参数(S)]：↵

输入与自然地表面高差<0.0>：↵

是否忽略已标注标高[是(Y)/否(N)]<Y>↵

该点自然标高：19.18，设计标高：19.18

该点自然标高：7.51，设计标高：7.51

该点自然标高：6.29，设计标高：6.29

该点自然标高：9.38，设计标高：9.38

该点自然标高：11.64，设计标高：11.64

④结果如图7-9所示。

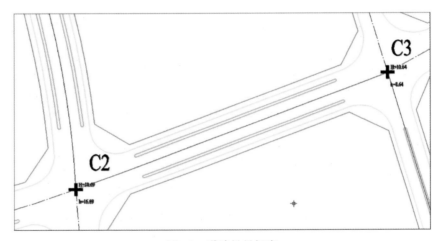

图7-9　道路批量标高

（3）说明

①原地形图如果没有自然标高或设计标高数据，则需要自己输入设计标高值且该值为统一标高。

②[设置标注参数(S)]命令中可设置标注样式、标注位置、设计标高前缀、自然标高前缀、标注精度、标注角度、图块比例、文字高度。

7.3.2　道路坡度、长度标注

（1）实验目的

自动推算出已经有标高标注的道路的坡度和长度并进行标注。

（2）操作步骤

①打开练习文件"Chp8\sx.dwg"。

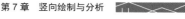

② 选择【菜单栏】→【竖向】→【道路坡度标注】。

③ 命令行与操作如下：

> 该功能的键盘快捷命令：pd
> 指定标注道路段[标注所有道路(A)/坡度单位(U)/坡度精度(P)/长度精度(F)/文字高度(H)/前后缀文字(Q)]：（单击需要计算坡度的道路中心线位置 ）
> 指定标注道路段[标注所有道路(A)/坡度单位(U)/坡度精度(P)/长度精度(F)/文字高度(H)/前后缀文字(Q)]：

④ 结果如图7-10所示。

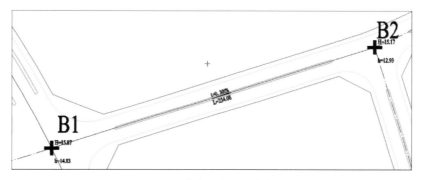

图7-10　道路坡度、长度标注

（3）说明

① 原地形图要有标高标注。

②【标注所有道路】：对所有有标高标注的道路进行一次性标注；

　【坡度单位】：选择坡度以百分位还是以千分位为单位；

　【坡度/长度精度】：决定坡度/长度数据具体精确的小数位；

　【文字高度】：设置文字的高度；

　【前后缀文字】：设置坡度、长度的前缀以及后缀的设置。

7.3.3　根据自然地形绘制道路横断面

（1）实验目的

结合自然地形绘制指定位置的道路横断面。

（2）操作步骤

① 打开练习文件 "Chp8\sx.dwg"。

②选择【菜单栏】→【竖向】→【道路横断面】。启动【道路横断面对话框】，默认横断名称A-A、路肩宽度3、边坡形式放坡等如图7-11设置。

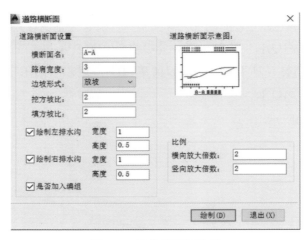

图7-11   道路横断面绘制

③命令行与操作如下：

点取道路中心线：
该点的道路标高为***（自动读取道路标高）
输入横断面的第一点：
输入横断面的第二点：
输入断面图左下角点：

④结果如图7-12所示。

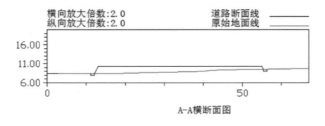

图7-12   道路横断面示意图

（3）说明

要先进行道路端点标高，才能进行横断面绘制。

7.3.4　根据自然地形绘制道路纵断面

（1）实验目的

结合自然地形绘制指定位置的道路纵断面。

（2）操作步骤

① 打开练习文件"Chp8\sx.dwg"。

② 选择【菜单栏】→【竖向】→【道路纵断面】。启动【道路纵断面对话框】，默认横断名称A-A、地形采集间距10 等信息，如图7-13设置。

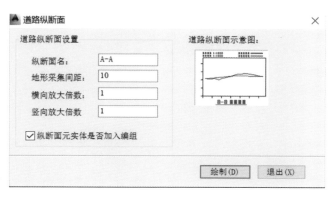

图7-13　道路纵断面绘制

③ 命令行与操作如下：

该功能的键盘快捷命令：zdm

断面生成方式 [绘制(D)/选择中心线(S)] <S>：

选择道路中心线：找到 1 个，总计 1 个

选择道路中心线：选择B1至B2路段

输入断面图左下角点：

④结果如图 7-14 所示。

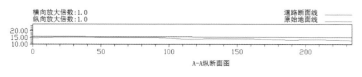

图7-14　道路纵断面示意图

（3）说明

要先进行道路端点标高，才能进行横断面绘制。

第 **8** 章

管线绘制与分析

本章主要实现管线的设计，内容包括管线绘制、已有管线的转换、管线编辑修改、管线标高输入、管线断面图绘制、管线各项参数标注。

8.1 管线生成

8.1.1 管线绘制

菜单位置:【管线】→【管线绘制】

功能:绘制城市管线。根据不同的管线类型,设置属性值(图8-1)。

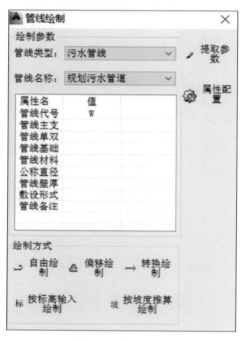

图8-1 管线绘制

8.1.2 管线转换

菜单位置:【管线】→【管线转换】

功能:快速转换其他软件或者手工绘制的管线信息。

8.1.3 管线断面

(1)管线纵断面

菜单位置:【管线】→【管线纵断面】

功能：绘制管线的纵断面（图8-2）。首先绘制管线纵断面的图表框架，然后指定管线的起点和管线的终点，绘制出管线纵断面图到图表框架。

① 【起始坐标】：管线纵断面图表中纵坐标的起始高度值。
　【刻度数】：纵坐标刻度的数量。
　【纵向比例】：即纵方向的比例。输入的比例数值越大，纵向的高度越小（刻度不变）。
　【横向比例】：即横方向的比例。输入的比例数值越大，横向的宽度越小（刻度不变）。
　【至起始刻度距离】：零刻度线到表格本身的距离。
② 【设计地面标高】：管线所在处的设计标高。
　【设计管底标高】：管线所在处的管底的设计标高。
　【管底埋深】：管道底面的标高到地面的距离。
　【水平距离】：该管线俯视图上看到的距离（与断面图上的含有标高的距离不同）。
　【井号】：管底所在井的井号。

图8-2　管线纵断面

（2）管线横断面

菜单位置：【管线】→【管线横断面】

功能：在绘制道路横断面的基础上，加入了对通过所选道路的管线断面的绘制。

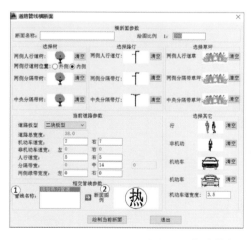

① 【管线名称】：穿过所选道路的管线种类及名称。
② 【断面图例】：断面中管线的标识符号。
注：其他参数设置与道路横断面设计内容相同。

图8-3　管线横断面

8.1.4　管线竖向

（1）**管段统一埋深**

菜单位置：【管线】→【管线竖向】→【管段统一埋深】

功能：可以对单个或一个类型的管线进行统一的标高，确定同一个深度。

（2）**沿线标高输入**

菜单位置：【管线】→【管线竖向】→【沿线标高输入】

功能：可以对单个或一个类型的管线进行标高，其中【逐点输入】可对管线上各个点进行标高输入，【点坡输入】通过设定一个端点的标高以及管线坡度进行自动输入，【两点输入】通过设定两点标高自动输入管线上其他点的标高，【统一埋深】可通过设定统一标高，由地形信息进行管线标高自动设定所有点的标高。

（3）**管段坡度输入**

菜单位置：【管线】→【管线竖向】→【管段坡度输入】

功能：通过设置端点标高以及管线坡度确定其他点标高。

命令行与操作如下：

```
选择管线：
选择固定点：
该点自然标高：***；设计标高：***
输入固定点标高<***>：（输入固定点标高）
输入坡度(下坡为负)(‰)<***>：（输入坡度）
该点计算标高为<***>：（自动计算得出下一点标高）
```

8.2　管线编辑

8.2.1　管线修改

菜单位置：【管线】→【管线修改】

功能：修改图中已有管线属性（图8-4）。

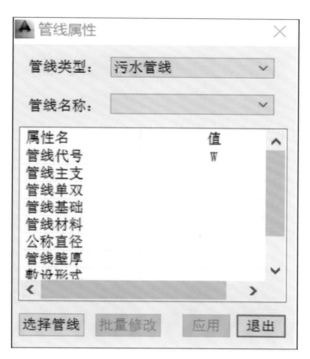

图8-4　管线属性修改

说明：【公称直径】，又称平均外径。指标准化以后的标准直径，为内径和外径之间的中点，以DN表示，单位mm。

8.2.2　管线格式刷

菜单位置：【管线】→【管线格式刷】

功能：可以将选中的任意一条管线的所有属性（包括管线的壁厚、公称通径、最大内径、管线代号等属性）复制到另一条管线上或直接复制到普通线上，将普通线直接转换为管线。

命令行与操作如下：

该功能的键盘快捷命令：gxs
选择源管线实体：（点选源管线）
选择需要转换的线：找到 1 个（点选需要转换的管线）
选择需要转换的线：↵

8.3　管线标注

8.3.1　标高标注

菜单位置:【管线】→【管线标注】→【标高标注】

功能:对管线上任一点进行标高标注, 也可设置字高以及标高精度。

命令行与操作如下:

指定标注点(管线上的一点)[标注字高(S)/精度设置(A)]:（选择管线上一点）
选择标注点:
指定标注点(管线上的一点)[标注字高(S)/精度设置(A)]: s
请输入字高(3.00):

8.3.2　坡度标注

菜单位置:【管线】→【管线标注】→【坡度标注】

功能:对管线进行坡度的自动标注, 也可设置文字高度、箭头大小、箭头偏移管线距离、精度设置等。

命令行与操作如下:

指定标注管线段[批量标注(F)/按类型标注(R)/文字高度(S)/箭头大小(D)/箭头偏移管线距离(L)/精度设置(A): f
选择对象:指定对角点:

8.3.3　综合标注

菜单位置:【管线】→【管线标注】→【综合标注】

功能:对管线进行各项标注（图8-5）。

①【标注内容】：可选择管线标注的内容以及精度。
②【标注方式】：可选择标注方式，断开标注将在管线中间标注，侧面标注即在管线侧面标注，引出标注即从管线上引出标注。
③【标注文字高度】：可更改文字标注。
　【偏移管线距离】：选择侧面标注时可更改偏移距离。

图8-5　管线综合标注

8.3.4　扯旗标注

菜单位置：【管线】→【管线标注】→【扯旗标注】

功能：绘制一条线，对与这条线相交的管线进行标注，可标注管线类型、直径、坡度等信息。

命令行与操作如下：

栅栏线起点[标注圆圈半径设置(S)/标注平行管线(W)/标注垂直引线(E)]：（绘制一条与管线相交的栅栏线）栅栏线终点：

8.3.5　最小间距标注

菜单位置：【管线】→【管线标注】→【最小间距标注】

功能：选择管线，对管线上平面距离最小的两点进行标注，不考虑管线的直径。

命令行与操作如下：

栅栏线起点[选择管线(S)]：
栅栏线终点：

8.3.6　坐标标高标注

菜单位置：【管线】→【管线标注】→【坐标标高标注】

功能：选择管线上任一点，对其进行标高以及坐标的自动标注。

命令行与操作如下：

指定标注点（选择管线上一点）
选择标注点：

8.4 管线统计

8.4.1 管段高程表

菜单位置：【管线】→【管线统计】→【管段高程表】

功能：分段显示管段高程表。

8.4.2 管段材料表

菜单位置：【管线】→【管线统计】→【管段材料表】

功能：选择一段管线，绘制管段材料表，可通过设置对管段材料统计进行设置。

8.4.3 管段统计表

菜单位置：【管线】→【管线统计】→【管段统计表】

功能：选择通过软件图库生成的管段，绘制管段统计表。

8.4.4 综合材料表

菜单位置：【管线】→【管线统计】→【综合材料表】

功能：对各种实体材料进行综合统计并统一列表显示。

8.5 实例与练习

8.5.1 管线生成

（1）实验目的

绘制污水管线。

（2）操作步骤

① 打开练习文件"Chp9\gx.dwg"。

② 选择【菜单栏】→【管线】→【管线绘制】，启动【管线绘制】对话框，编辑所要绘制的管线的特性（图8-6）。

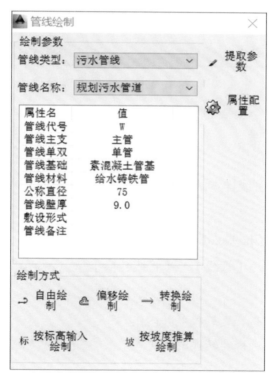

图8-6 管线绘制参数设置

③ 选择绘制方式"偏移绘制"。

④ 命令行与操作如下：

请选择参照线：（选择道路中心线）

请选择连续参照线(回车继续)：

输入偏移距离：12

⑤ 结果如图8-7所示。

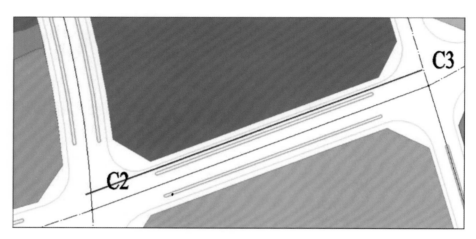

图8-7 管线绘制结果

8.5.2 原有管线转换

（1）实验目的

转换城市管线，将管线样本的属性赋予转换的管线。

（2）操作步骤

① 打开练习文件"Chp9\sx.dwg"。

② 选择【菜单栏】→【管线】→【管线转换】。

③ 命令行及操作如下：

选择要转换的样本[选择要转换的线(S)]：S

选择要转换的线：（选择要转换的线）

请选择管线样本：（选择管线样本）

管线转换成功！

④ 结果如图8-8所示。

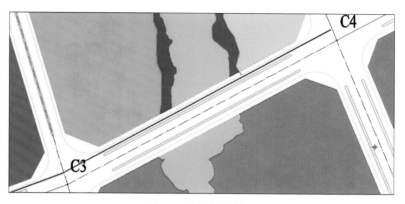

图8-8　管线转换结果

8.5.3　管线纵断面生成

（1）实验目的

首先绘制出管线纵断面的表头，然后选中将要绘制的管线的起点和终点，最终完成将管线的纵断面图绘制到表头的目标。

（2）操作步骤

① 打开练习文件"Chp9\sx.dwg"。

② 选择【菜单栏】→【管线】→【管线竖向】→【管段统一埋深】，设置管段埋深3米。

③ 选择【菜单栏】→【管线】→【管线纵断面】，启动【管线纵断面对话框】，按照需求输入参数设置的值与表格内容，也可以直接使用默认值（图8-9）。

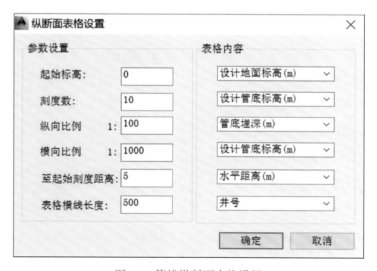

图8-9　管线纵断面表格设置

④ 结果如图8-10所示：

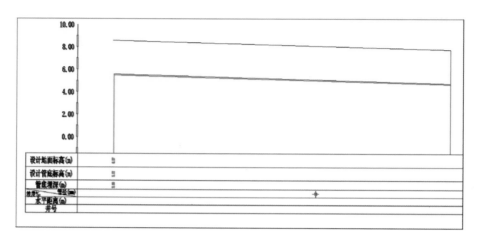

图8-10　管线纵断面表格结果

（3）说明

管线纵断面生成前，需进行道路端点标高及管线标高。

8.5.4　管线横断面生成

（1）实验目的

绘制出所选道路以及道路范围内的管线的横断面。

（2）操作步骤

① 打开练习文件"Chp9\sx.dwg"。

② 选择【菜单栏】→【管线】→【管线绘制】，选择道路中心线。

③ 选择【菜单栏】→【管线】→【道路管线横断面】，启动【道路管线横断面】对话框（图8-11）。该图中绘制了三条管线，分别为规划污水管道、规划超高压电力管道。

图8-11　道路管线横断面

④ 结果如图8-12所示。

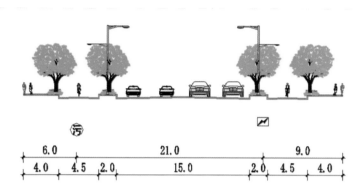

图8-12　管线横断面结果示意图

（3）说明

① 图中的车辆、行人、树木的样式都可修改。

② 该断面图中雨、污、气管道显示的高度是由画管道线的时候管道线的标高决定的。

第9章

场地绘制与分析

本章主要内容是根据已有的三维地形数据，自动生成三维地表面并进行编辑。同时，对已生成的自然三维面可以进行不同高程段的分析、不同坡度坡向的分析等，并对分析区域范围内的填挖方量进行估算。

9.1 模型生成

9.1.1 数据源设置

（1）自然数据源设置

菜单位置：【三维场地】→【自然数据源设置】

功能：对原始数据源进行设置，设置完成后，所有涉及自然标高计算均采用这种设置（图9-1）。

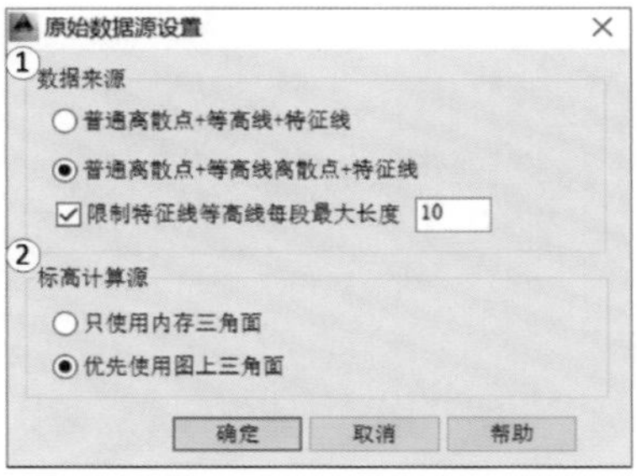

①【数据来源】：选择程序自动计算时数据的来源模式，将等高线离散化能有效提高运行速度，但生成的三维模型与实际地形有一定的误差，宜根据实际情况选择。

【限制特征线等高线每段最大长度】：限制特征线等高线每段最大长度，避免构造的三角面不合理。

②【标高计算源】：选择程序自动计算时数据的来源模式。优先使用涂上三角面，将无法采集超出三角面范围的计算标高，超出三角面范围的地方，内存三角面计算标高，采用离散点距离加权的方法计算任一点标高。

图9-1　自然数据源设置

（2）设计数据源设置

菜单位置：【三维场地】→【设计数据源设置】

功能：设置程序自动计算时数据的来源模式。设置完成后，软件中所有涉及设计标高计算均采用这种设置（图9-2）。

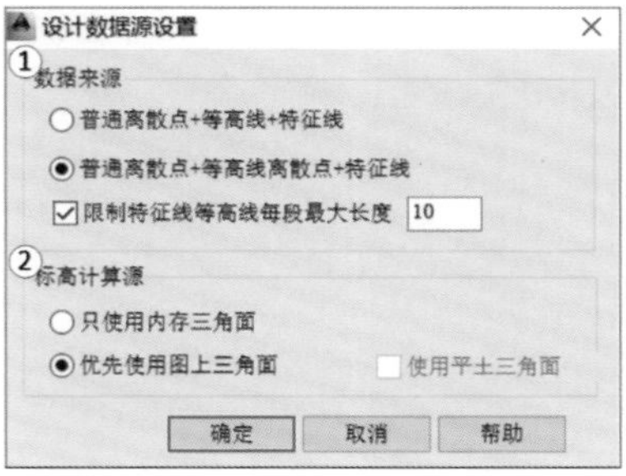

①【数据来源】：选择程序自动计算时数据的来源模式，将等高线离散化能有效提高运行速度，但生成的三维模型与实际地形有一定的误差，宜根据实际情况选择。

【限制特征线等高线每段最大长度】：限制特征线等高线每段最大长度，避免构造的三角面不合理。

②【标高计算源】：选择程序自动计算时数据的来源模式。优先使用涂上三角面，将无法采集超出三角面范围的计算标高，超出三角面范围的地方，内存三角面计算标高，采用离散点距离加权的方法计算任一点标高。

图9-2　设计数据源设置

9.1.2　自然三角面模型生成

菜单位置：【三维场地】→【自然三角面模型生成】

功能：根据设置的地形数据源形式，用三角面方式快速建立原始地表模型。

命令行与操作如下：

> 功能的键盘快捷命令：z3d
>
> 指定自然三维模型范围[选择范围线(S)/绘制范围线(D)/全部(A)]<A>：（选择全部转换或者指定转换范围）
>
> Zoom
>
> 指定窗口的角点，输入比例因子 (nX 或 nXP)，或者
>
> [全部(A)/中心(C)/动态(D)/范围(E)/上一个(P)/比例(S)/窗口(W)/对象(O)]
>
> <实时>：E
>
> 命令：Zoom
>
> 指定窗口的角点，输入比例因子 (nX 或 nXP)，或者
>
> [全部(A)/中心(C)/动态(D)/范围(E)/上一个(P)/比例(S)/窗口(W)/对象(O)]
>
> <实时>：P

9.1.3　设计三角面模型生成

菜单位置：【三维场地】→【自然地形分析】→【设计三角面模型生成】

功能：根据软件中设置的地形数据源形式，用三角面方式快速建立原始地表模型，功能与"自然三角面模型生成"相似。

命令行与操作如下：

> 该功能的键盘快捷命令：s3d
>
> 指定设计三维模型范围[选择范围线(S)/绘制范围线(D)/全部(A)]<A>：（选择全部转换或者指定转换范围）
>
> Zoom
>
> 指定窗口的角点，输入比例因子 (nX 或 nXP)，或者
>
> [全部(A)/中心(C)/动态(D)/范围(E)/上一个(P)/比例(S)/窗口(W)/对象(O)]
>
> <实时>：E
>
> 命令：Zoom
>
> 指定窗口的角点，输入比例因子 (nX 或 nXP)，或者
>
> [全部(A)/中心(C)/动态(D)/范围(E)/上一个(P)/比例(S)/窗口(W)/对象(O)]
>
> <实时>：P

9.1.4 自然网格面模型生成

菜单位置:【三维场地】→【自然网格面模型生成】

功能:根据软件中设置的地形数据源形式,用网格面方式快速建立原始地表模型。

命令行与操作如下:

```
FDRAWYS4DTM
选择四角面网格边界[绘制(D)]:(选择或者绘制网格边界)
输入网格间距<20.0>:
```

9.1.5 设计网格面模型生成

菜单位置:【三维场地】→【设计网格面模型生成】

功能:根据软件中设置的地形数据源形式,用网格面方式快速建立设计地表模型,功能与"自然网格面模型生成"相似。

命令行与操作如下:

```
FDRAWYS4DTM
选择四角面网格边界[绘制(D)]:(选择或者绘制网格边界)
输入网格间距<20.0>:
```

9.2 三角模型编辑

9.2.1 三角面平整

菜单位置:【三维场地】→【三角模型编辑】→【三角面平整】

功能:对自然三角面或设计三角面,在指定的范围内输入水平面高程或倾斜面三个控制点标高,将三角面平整成一个水平面或具有一定坡度的倾斜面。

命令行与操作如下:

```
确定需要处理的图层(选三角面):
选择平整范围线[绘制范围线(D)]:(设置平整范围)
```

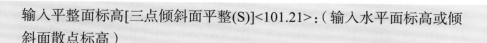

输入平整面标高[三点倾斜面平整(S)]<101.21>:（输入水平面标高或倾斜面散点标高）

9.2.2　三角面顶点标高

菜单位置:【三维场地】→【三角模型编辑】→【三角面顶点标高】

功能:对三角面的顶点进行标高。

命令行与操作如下:

点取三角面顶点:(点选一个三角面的顶点)

该点的平均标高***（自动计算顶点标高）

输入该点标高<18.8>:（输入标高）

成功修改了*个标高值!

9.2.3　三角网简化

菜单位置:【三维场地】→【三角模型编辑】→【三角网简化】

功能:对自然三角面或设计三角面,按共面性要求,在指定范围内按照一定容差坡度进行模型简化,提高处理速度。

命令行与操作如下:

确定需要处理的图层(选三角面):

选择要简化的三角面:（选择三角面）

请输入消除点最大容差坡度<0.0100>:（输入最大容差坡度）

是否循环简化[是(Y)/否(N)]<N>

9.2.4　三角面颜色

菜单位置:【三维场地】→【三角模型编辑】→【三角面颜色】

功能:对三角面显示的颜色进行修改（图9-3）。

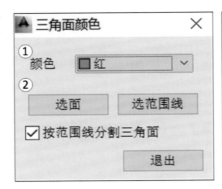

① 【颜色】：选择三角面需要显示的颜色。
② 【选面】：选择需要修改颜色的三角面。
【选范围线】：选定一个范围线，对范围内的三角面颜色进行修改。
【按范围分割三角面】：若勾选，则会将三角面按照选定的范围线进行切割，并只修改范围线以内部分的三角面。

图9-3　三角面颜色

9.2.5　三角面切割

菜单位置：【三维场地】→【三角模型编辑】→【三角面切割】

功能：对局部三角面进行切割，使三角面更能反映地形的真实情况。

命令行与操作如下：

确定切割线范围[绘制(D)/选择(S)] <D>：（绘制或选择切割线）
选择切割线：（选择一条线作为切割线)

9.2.6　三角面内裁剪

菜单位置：【三维场地】→【三角模型编辑】→【三角面内裁剪】

功能：将指定范围内的三角面裁剪掉，保留指定范围外的三角面。

命令行与操作如下：

选择裁剪边界[绘制(D)]：（选择或绘制裁剪边界）

9.2.7　三角面外裁剪

菜单位置：【三维场地】→【三角模型编辑】→【三角面外裁剪】

功能：将指定范围外的三角面裁剪掉，保留指定范围内的三角面。

命令行与操作如下：

FQGCUTINTRI

选择裁剪边界[绘制(D)]:（选择或绘制裁剪边界）

9.2.8　补三角面

菜单位置:【三维场地】→【三角模型编辑】→【补三角面】

功能:补充绘制三角面。

命令行与操作如下:

请点选第1点[框选(W)]:（选择第一点，或者框选离散点）
请点选第1点[框选(W)]:
找到1个
请点选第2点[框选(W)]:
找到1个，总计2个
请点选第3点[框选(W)]:
找到1个，总计3个

9.2.9　三角面转化三维实体

菜单位置:【三维场地】→【三角模型编辑】→【三角面->三维实体】

功能:将平面内的三角面转化为三维实体，使其更立体，切换至三维视图查看效果。

命令行与操作如下:

请选择三角面[全选(All)]
找到 *** 个
输入三维实体的高度<1.0>:（输入三维实体的高度）

9.2.10　网格高程缩放

菜单位置:【三维场地】→【三角模型编辑】→【网格高程缩放】

功能:当高程变化范围太大或太小时，将三角面在高程方向上进行缩放，放大或缩小高程变化范围，方便查看地形变化情况。当三角面进行高程缩放后再计算任意点

标高时计算结果会出错，此时必须进行【网格高程还原】操作

命令行与操作如下：

> 选择网格面：指定对角点：找到 * 个
> 输入网格基准高度<0.0>：0.0
> 输入网格高程缩放比例<5.0>：（输入缩放比例）

9.2.11　网格高程还原

菜单位置：【三维场地】→【三角模型编辑】→【网格高程还原】

功能：将缩放后的三角面高程还原到原始状态。

命令行与操作如下：

> 选择网格面：指定对角点：找到 * 个

9.2.12　自然面加底座 / 设计面加底座

菜单位置：【三维场地】→【三角模型编辑】→【自然面加底座】/【设计面加底座】

功能：在自然三角面模型或设计三角面模型底部加指定厚度的水平底座，突出三维效果，更具立体感。

命令行与操作如下：

> 请选择底座范围线：
> 输入底座的最小厚度<4.48>：（输入底座厚度）
> 是否生成底部三维面[是(Y)/否(N)]<Y>：

9.3　自然地形分析

9.3.1　高程填充分析

菜单位置：【三维场地】→【自然地形分析】→【高程填充分析】

功能：根据所给的地形图，查询指定高程范围的地形位置，按照不同高程段用不同的颜色进行填充显示，并在图中绘制高程填充图例，程序支持真彩色填充或渲染模式（图9-4）。

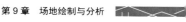

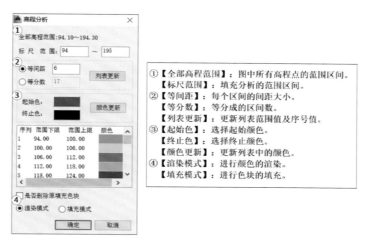

① 【全部高程范围】：图中所有高程点的范围区间。
　【标尺范围】：填充分析的范围区间。
② 【等间距】：每个区间的间距大小。
　【等分数】：等分成的区间数。
　【列表更新】：更新列表范围值及序号值。
③ 【起始色】：选择起始颜色。
　【终止色】：选择终止颜色。
　【颜色更新】：更新列表中的颜色。
④ 【渲染模式】：进行颜色的渲染。
　【填充模式】：进行色块的填充。

图9-4　高程填充分析

9.3.2　坡度填充分析

菜单位置：【三维场地】→【自然地形分析】→【坡度填充分析】

功能：根据所给的地形图不同的坡度用不同的颜色进行填充显示，并在图中绘制坡度填充图例（图9-5）。

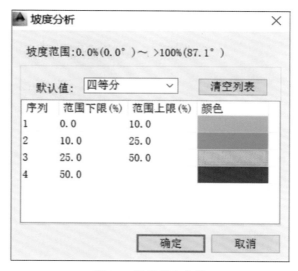

图9-5　坡度填充分析

9.3.3　坡向填充分析

菜单位置：【三维场地】→【自然地形分析】→【坡向填充分析】

功能：根据所给的地形图不同的坡向用不同的颜色进行填充显示，并在图中绘制坡向填充图例（图9-6）。

图9-6　坡向填充分析

9.3.4　组合填充分析

菜单位置：【三维场地】→【自然地形分析】→【组合填充分析】

功能：选择坡度、坡向、高程组合条件，并输入分析范围值，将符合组合条件的范围用指定的颜色进行填充（图9-7）。

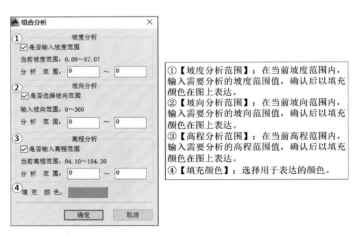

图9-7　组合填充分析

9.3.5　区域综合分析

菜单位置：【三维场地】→【自然地形分析】→【区域综合分析】

功能：选择范围线或绘制范围线，将指定范围内三角面按最小二乘法拟合成一个面，并计算该面的坡度、坡向、高程范围、平均高程以及挖填方量（图9-8）。

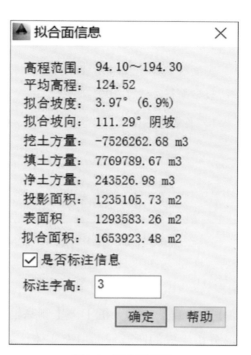

图9-8　拟合面信息

9.3.6　土方量估算

菜单位置:【三维场地】→【自然地形分析】→【土方量估算】

功能:选择范围线或绘制范围线,在指定范围内输入水平面高程或倾斜面三个控制点标高,估算出该范围内土方的填挖量(图9-9)。

图9-9　土方量估算结果

9.3.7　地表面积计算

菜单位置:【三维场地】→【自然地形分析】→【地表面积计算】

功能:选择范围线或绘制范围线,计算三角网面的地表面积(图9-10)。

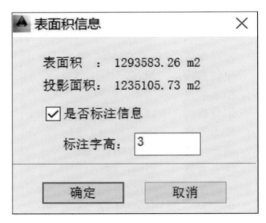

图9-10　地表面积计算

9.3.8　删除辅助实体

菜单位置：【三维场地】→【自然地形分析】→【删除辅助实体】

功能：删除图面上地形分析生成的所有辅助填充实体，如标注、图例等。

9.4　实例与练习

9.4.1　高程填充分析

（1）实验目的

进行高程填充分析，不同高程段用不同颜色进行填充显示，并在图中绘制高程填充图例。

（2）操作步骤

① 打开练习文件 "Chp10\swdx.dwg"。

② 选择【地形】→【等高线离散化】，对等高线进行离散化处理。

③ 选择【三维场地】→【自然三角面模型生成】，生成自然三角面模型（图9-11）。

图9-11　自然三角面模型

④ 选择【菜单栏】→【三维场地】→【自然地形分析】→【高程填充分析】（图9-12）。

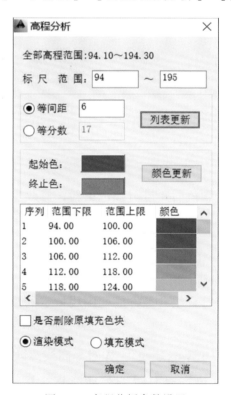

图9-12　高程分析参数设置

⑤ 根据要求输入标尺范围，确定区间形式，及各区间颜色。

⑥ 命令行与操作如下：

选择要分析的三角面<ALL>：

选择填充方式[单段高程填充(S)/多段高程整体填充(A)]<A>：

指定图例插入位置[设定图例参数(S)]：

⑦ 结果如图9-13所示。

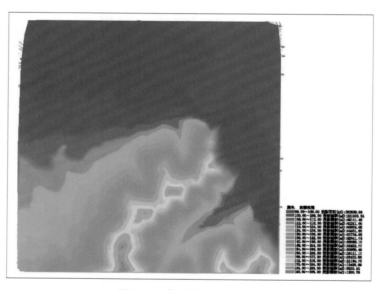

图9-13　高程填充分析结果

（3）说明

选择完起始颜色与终止颜色后要进行颜色更新，修改生效。

9.4.2　组合填充分析

（1）实验目的

进行组合填充分析，将符合组合条件的范围用指定的颜色进行填充。

（2）操作步骤

① 打开练习文件"Chp10\swdx.dwg"，先对等高线离散化及生成自然三角面模型。

② 选择【菜单栏】→【三维场地】→【自然地形分析】→【组合填充分析】（图9-14）。

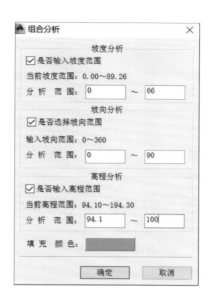

图9-14　组合分析

③ 根据要求勾选是否输入坡度范围，是否输入坡向范围，是否输入高程范围，输入要分析的范围数据，以及填充的颜色形式。

④ 命令行与操作如下：

选择要分析的三角面<ALL>：

指定图例插入位置：

⑤ 结果如图9-15所示。

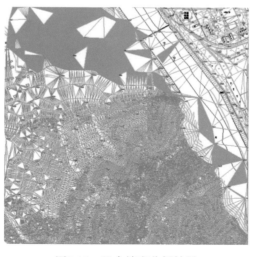

图9-15　组合填充分析结果

转换后图例，如图9-16所示。

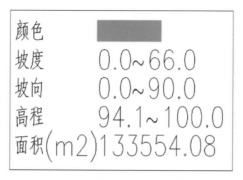

颜色	
坡度	0.0~66.0
坡向	0.0~90.0
高程	94.1~100.0
面积(m2)	133554.08

图9-16　组合填充分析图例

（3）说明

根据要求填充符合分析范围的自然三角面。

9.4.3　整体土方计算

（1）实验目的

在已有地形图生成自然三角面与设计三角面后，一次性计算出指定范围内的土方量。

（2）操作步骤

①打开练习文件"Chp10\tfjs.dwg"，选择【菜单栏】→【三维场地】→【整体土方计算】。

②进入【整体土方信息】对话框（图9-17），选取范围线，自动进行土方计算，结果如图9-18所示。

图9-17　整体土方信息计算

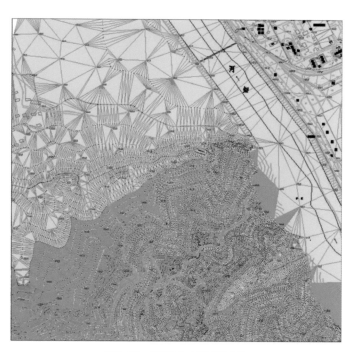

图9-18 整体土方计算结果

（3）说明

　　如果计算范围内自然三角面和设计三角面没有全部覆盖，则程序只计算自然三角面和设计三角面全部覆盖的那部分土方量，当出现这种情况时可能与方格网法算出来的方量相差较远。

第
10 章
规划成果出图

本章主要内容为规划出图工具，包括各类专项图、分析图等功能。用户可按照设定，直接创建专题内容图纸。

10.1 图则出图

10.1.1 图则框插入

菜单位置：【图则】→【图则框插入】

功能：插入图则框（图10-1）。

①【图则框标准】：选择需要插入的图则框所在的标准。
②【图则框模版】：选择具体需要插入的图则框，可自己添加图则框至标准所在的"图则模板"文件夹中。
③【图则框缩放比例】：输入缩放比例放大缩小图则框。

图10-1　图则框插入

10.1.2 复制图则生成

菜单位置：【图则】→【复制图则生成】

功能：在母图采样图则内容，复制显示在图则框内，并自动生成指标。图则与母图相关联，母图参数改变，图则的参数也相应改变。

命令行与操作如下：

该功能的键盘快捷命令：tz
点取图则[参数设置(S)]：（选择图则框）
输入图框缩放比例[自适应比例(Z)/点选街坊(F)/点选单元(D)/任意范围(R)]<1.0>：（输入图框缩放比例）
点取要添加或去除的地块[全去除(A)]：（选择要去除的地块）

选择要去除的其他实体[显示全部去除实体(S)/去除整层实体(D)/回撤
(Q)]：（选择要去除的除地块外的其他实体）
是否继续删减实体Y/N?<N>：（选择是否继续删减实体）
外部模式 - 边界外的对象将被隐藏。

10.1.3 原位图则生成

菜单位置：【图则】→【原位图则生成】

功能：在大图直接生成图则和指标。

命令与操作如下：

点取图则：（点选图则框）
点选需要指标的地块[框内全部地块(A)]<A>：（选择需要指标的地块）

10.1.4 缩略图生成

菜单位置：【图则】→【缩略图生成】

功能：在图则中生成缩略图。

命令与操作如下：

该功能的键盘快捷命令：slt
选择缩略图类型[地块缩略图(D)/街坊缩略图(F)/单元缩略图(Y)/设置
(S)]<D>：（选择缩略图类型）
确定缩略图范围，第一角点[选择范围线(S)/绘制范围线(D)]：（选择或绘
制缩略图范围线）
选择缩略背景保留的图层样本实体：（选择要保留的样本实体）
请点取图则：（选择图则框）

10.1.5 图则尺寸标注

菜单位置：【图则】→【图则尺寸标注】

功能：在图则中标注尺寸，尺寸大小与母图保持一致。

命令与操作如下：

该功能的键盘快捷命令：zzc
指定要标注的实体点：（选择标注实体点）
指定第二条线段：（选择标注实体点）

10.2 规划图纸集

菜单位置：【成图】→【规划图纸集】
功能：通过选定显示图层，将规划图转换成专项图（图10-2）。

①【自定义】：点击自定义按钮，调出图纸
名称与对应图层设置界面，用户可自行添加
图纸名称和图层设置，保存之后，下一次启
动规划图纸集命令时刷新界面生效。
②【选定图层／待选图层】：待选图层为图
中所有图层名列表（除选定图层外），选定
图层为当前选定图纸保存的图层内容，如果
没保存，则为空，用户可以通过选择需要的
待选图层，将图层调入选定图层，同样也可
以将选定图层取消选择。

图10-2　规划图纸集

10.3 规划分析示意图

10.3.1　建筑容量分析图

菜单位置：【成图】→【建筑容量分析图】

功能：用三维显示的方式来体现地块的建筑体量与建筑密度（图10-3）。

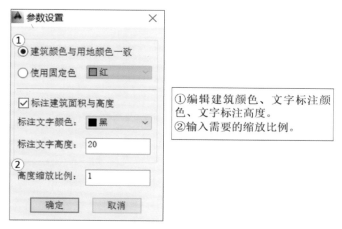

①编辑建筑颜色、文字标注颜色、文字标注高度。
②输入需要的缩放比例。

图10-3　建筑容量分析图

10.3.2　用地构成示意图

菜单位置：【成图】→【用地构成示意图】

功能：根据地块的建筑面积、绿地面积、空地面积进行填色分析（图10-4）。

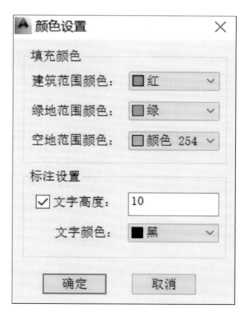

图10-4　用地构成参数设置

10.3.3 绿地构成示意图

菜单位置：【成图】→【绿地构成示意图】

功能：用图例的方式直观表示绿地的构成和总体比例，并计算出总用地面积、总绿地面积、综合绿地率等指标（图10-5）。

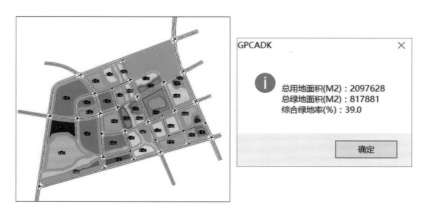

图10-5　绿地构成示意图

10.3.4 人口密度分布图

菜单位置：【成图】→【人口密度分布图】

功能：用疏密不同的方格来直观表示不同区域的人口密度大小。点击【人口密度分布图】后，程序自动计算不同区域的人口密度，并用疏密不同的网格表示，越密集表示密度越高（图10-6）。

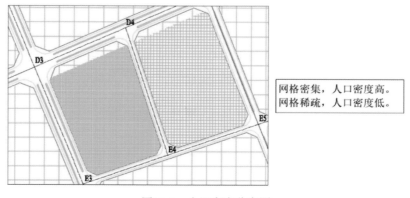

图10-6　人口密度分布图

10.3.5 居住开发强度图

菜单位置:【成图】→【居住开发强度图】

功能:用不同颜色来表示不同地块的居住开发强度（图10-7），生成居住开发强度图（图10-8）。

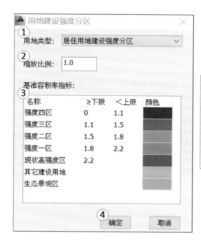

①选择生成图例的用地建设类型，在此选择居住用地建设强度分区。
②更改生成图纸相对于原图的比例。
③更改不同强度的范围及图例颜色。
④点选单元范围或用矩形框定范围，即可生成并插入居住开发强度图。

图10-7 居住开发强度分区图

图10-8 居住开发强度图

10.3.6　商业开发强度图

菜单位置：【成图】→【商业开发强度图】

功能：用不同颜色来表示不同地块的商业开发强度（图10-9），生成商业开发强度图（图10-10）。

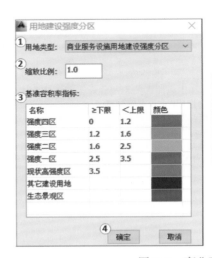

①选择生成图例的用地建设类型，在此选择商业服务设施用地建设强度分区。
②更改生成图纸相对于原图的比例。
③更改不同强度的范围及图例颜色。
④点选单元范围或用矩形框定范围，即可生成并插入商业服务设施用地开发强度图。

图10-9　商业开发强度分区图

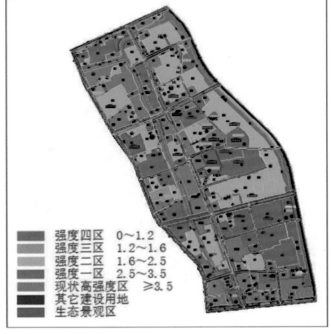

强度四区	0~1.2	
强度三区	1.2~1.6	
强度二区	1.6~2.5	
强度一区	2.5~3.5	
现状高强度区	≥3.5	
其它建设用地		
生态景观区		

图10-10　商业开发强度图

10.3.7　道路等级显示

菜单位置：【成图】→【道路等级显示】

功能：通过对图中已有道路按照道路等级进行线宽填充显示，对已有道路等级进行等级修改等绘制道路等级专项图（图10-11）。

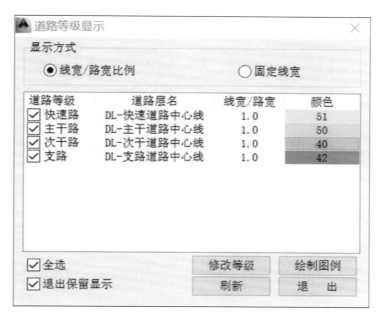

图10-11　道路等级显示图

10.4　视口及布局

10.4.1　创建布局

菜单位置：【分析成图】→【布局出图】→【创建布局】

功能：根据需要新建布局图，布局图类似于新建图纸，通过视口辅助最终出图排版，通过创建布局对话框设置布局的各种参数（图10-12）。

①【布局名称】：设置布局名称。
　【图纸大小】：设置出图图纸大小。
　【视口出图比例】：设置视口范围内图形在布局图纸中的比例。
②【当前屏幕】：根据当前模型空间大小生成布局视口线。
　【窗口】：框选布局视口范围大小。
　【范围线】：选择图纸存在的闭合线当作视口范围。
　【视口外扩】：保证与视口范围线相交的图元能够显示。
③是否冻结不可见图层。

图10-12　创建布局

10.4.2　创建视口

菜单位置：【分析成图】→【布局出图】→【创建视口】

功能：在已有布局中新建视口，多个视口可以同时在布局中显示多个模型空间中的图形，并且可以单独设置范围、出图比例等（图10-13）。

①【选择布局】：选择视口所在的布局。
　【视口出图比例】：设置视口范围内图形在布局图纸中的比例。
②【窗口】：框选布局视口范围大小。
　【范围线】：选择图纸存在的闭合线当作视口范围。
　【视口外扩】：保证与视口范围线相交的图元能够显示。
③是否冻结不可见图层。

图10-13　创建视口

10.4.3 修改视口

菜单位置：【分析成图】→【布局出图】→【修改视口】

功能：修改已创建视口的各种参数，包括视口比例、范围、视口线形状、位置等（图10-14）。

① 【视口比例】：在视口范围内，图形在布局纸中的比例，可根据实际需要调整。
② 【内容显示】：显示或者隐藏视口内图形。
【内容锁定】：锁定视口，图形无法进行编辑操作。
③ 【平移】可选择平移视口内图形或平移视口线，平移视口线可将视口线与图形同时平移。
【旋转】同时旋转视口线和视口线内图形。
【多边形】可选择已有闭合线作为新的视口线，也可绘制新的视口线。
【矩形】将原有不规则的视口线扩展为相同视口范围的矩形视口线。
【扩缩】更改视口线的范围，可选择"扩缩视口线"或"按比例缩放视口范围"两种更改方式。

图10-14 修改视口

10.4.4 视口开关

菜单位置：【分析成图】→【布局出图】→【视口开关】

功能：控制视口显示的图形元素（图10-15）。

图10-15 视口开关

10.4.5　图形切换

菜单位置：【成图】→【图形切换】

功能：将模型空间的图形转换到布局空间或将布局空间的图形转换到模型空间。

10.5　实例与练习

10.5.1　复制图则生成

（1）实验目的

插入图则框，生成复制图则。

（2）操作步骤

①打开练习文件"Chp11\tz.dwg"。

②选择【图则】→【图则框插入】，图则框模板选择"A3标准图则"（图10-16）。

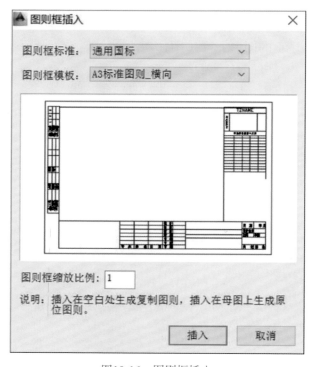

图10-16　图则框插入

③选择【图则】→【复制图则生成】，点取图则，设置图则框比例为2，在母图相应位置插入图则框（图10-17），并去除多余实体（图10-18）。

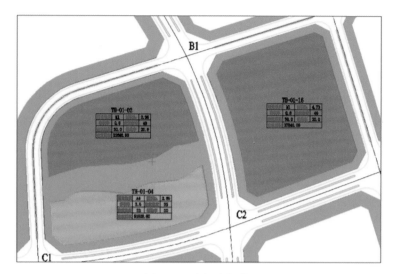

图10-17　插入图则框

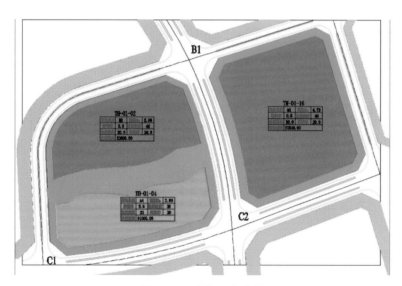

图10-18　去除多余实体

④选择【图则】→【缩略图生成】，选择缩略图类型"地块缩略图"，选择范围线，点击图则生成缩略图（图10-19）。

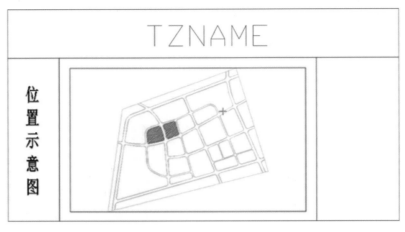

图10-19　生成缩略图

⑤结果如图10-20所示。

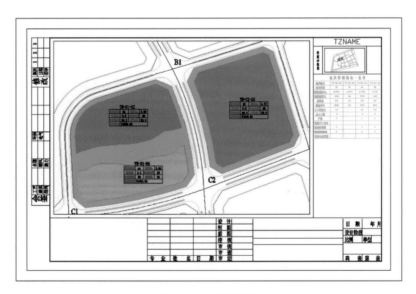

图10-20　复制图则

10.5.2　开发强度控制图生成

（1）实验目的

生成居住、商业开发强度控制图。

（1）操作步骤

① 打开练习文件"Chp11\qdt.dwg"。

② 选择【分析成图】→【居住开发强度图】，设置居住用地建设强度分区参数（图 10-21），选择单元范围（图10-22）。

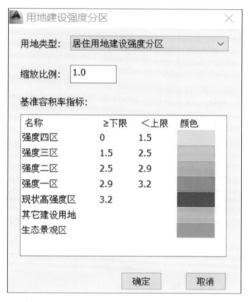

图10-21　居住用地建设强度分区参数设置

图10-22　选择单元范围

③ 结果如图10-23所示。

图10-23　居住用地建设强度分区图

④ 选择【分析成图】→【商业开发强度图】，设置商业用地建设强度分区参数（图10-24），选择单元范围。

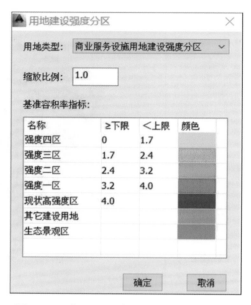

图10-24　商业用地建设强度分区参数设置

⑤ 结果如图10-25所示。

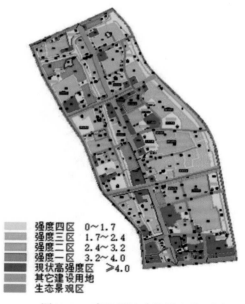

图10-25　商业用地建设强度分区图

参考文献

[1] 庞磊, 钮心毅, 骆天庆等. 城市规划中的计算机辅助设计[M]. 北京: 中国建筑工业出版社, 2008.

[2] 陈晓秋. 城市规划CAD[M]. 杭州: 浙江大学出版社, 2016.

[3] 吴志强. 城市规划原理（第四版）[M]. 北京: 中国建筑工业出版社, 2011.

[4] 李渊. 基于GIS的景区环境量化分析[M]. 北京: 科学出版社, 2017.

[5] 李渊. 基于GPS的景区旅游者空间行为分析——以鼓浪屿为例[M]. 北京: 科学出版社, 2016.

[6] 汤国安, 杨昕. ArcGIS地理信息系统空间分析实验教程[M]. 北京: 科学出版社, 2016.

[7] 张去杰, 张去静. AutoCAD 2014中文版基础教程[M]. 北京: 清华大学出版社, 2014.

[8] 聂康才, 周学红, 史斌. 城市规划计算机辅助设计综合实践[M]. 北京: 清华大学出版社, 2015.

[9] 孙施文. 现代城市规划理论[M]. 北京: 中国建筑工业出版社, 2008.

[10] 董光器. 城市总体规划（第6版）[M]. 南京: 东南大学出版社, 2018.

[11] 田莉. 城市土地利用规划[M]. 北京: 清华大学出版社, 2016.

[12] 徐循初, 汤宇卿. 城市道路与交通规划[M]. 北京: 中国建筑工业出版社, 2005.

[13] 张占录, 张正峰. 土地利用规划学[M]. 北京: 中国人民大学出版社, 2006.

[14] 夏南凯, 田宝江, 王耀武. 控制性详细规划[M]. 上海: 同济大学出版社, 2005.

[15] 王江萍. 城市详细规划设计[M]. 武汉: 武汉大学出版社, 2011.

[16] 毕凌岚. 城乡规划方法导论[M]. 北京: 中国建筑工业出版社, 2018.

[17] 谭荣伟. 城市规划CAD绘图快速入门[M]. 北京: 化学工业出版社, 2014.

[18] 聂康才. AutoCAD 2010中文版城市规划与设计[M]. 北京: 清华大学出版社, 2010.

[19] 赵芸. 城市规划计算机辅助设计[M]. 北京: 化学工业出版社, 2010.

[20] 孙海粟, 布欧, 胡云杰. 建筑CAD[M]. 北京: 化学工业出版社, 2018.

[21] 牛强. 城乡规划GIS技术应用指南[M]. 北京: 中国建筑工业出版社, 2018.

[22] 李晓江. 城乡规划编制中的空间分析与辅助决策方法[M]. 北京: 中国建筑工业出版社, 2016.

[23] 赵宪尧, 李杰, 王进. 道路交叉口规划、设计与管理技术[M]. 武汉: 华中科技大学出版社, 2016.

[24] 汤国安, 李发源, 刘学军. 数字高程模型教程[M]. 北京: 科学出版社, 2018.

[25] 吴运超, 茅明睿, 崔浩等. 回顾与展望: 城乡规划信息系统建设与统筹[J]. 北京规划建设, 2015, (02):19-23.

[26] 黄晓春, 茅明睿. 由传统走向现代: 城市规划设计行业信息化建设[J]. 北京规划建设, 2006, (05):78-80.

[27] 甘惟. 国内外城市智能规划技术类型与特征研究[J]. 国际城市规划, 2018, 33(03): 105-111.

[28] 党安荣, 王丹, 梁军等. 中国智慧城市建设进展与发展趋势[J]. 地理信息世界, 2015, 22(04): 1-7.

[29] 陈锦富. 城市规划概论[M]. 北京: 中国建筑工业出版社, 2006.

[30] 同济大学建筑城规学院. 城市规划资料集[M]. 北京: 中国建筑工业出版社, 2005.